我的琴酒生活提案

LE GIN C'EST PAS SORCIER

米凱勒・奇多 Mickaël Guidot / 著

亞尼斯・瓦盧西克斯 Yannis Varoutsikos / 繪　謝珮琪 / 譯

suncolor
三采文化

推薦語

Perry Perry's Palate Plan 創辦人

簡單不簡單，我想《我的琴酒生活提案》就是那般不簡單的存在，閱讀起來 # 平易近人 # 可愛 且 # 多元。

你想知道的、你沒想到的，都可以在這本書找到些線索。

王靈安 資深酒保

每次手上拿到一些特殊的材料如山苦瓜、紅灰葉仔，野薑花、佛手柑……想做出一款新的雞尾酒，第一個想到用的基酒大概都是琴酒。琴酒香氣純粹，個性鮮明，結構結實。很能夠支撐特殊材料原有的個性，往往會有 1+1 > 3 滿意的結果。好喝嗎？至少最有名的琴酒飲者——伊莉莎白二世，一直喝到了 96 歲。

《我的琴酒生活提案》也是我誠心推薦的一本有關琴酒的好書。

安薛佛 WGA 世界琴酒大賽冠軍得主

由每張插圖中，都可以見到作者對琴酒滿滿的熱情與專業。

邱德夫 蘇格蘭雙耳小酒杯執持者、威士忌專業作家

身處席捲全球的琴酒風潮，我們不能不喝，也不能不懂，這一本輕鬆易讀的可愛書，能讓你快速進入琴酒領域，喝懂琴酒的萬般滋味。

用最美味的方法入醉

鄭哲宇 Soso

Sidebar 主理人、《工藝琴酒全書》作者、「臺灣百味琴酒」計畫創始人

　　琴酒似乎已經躍升成一種語言，風土透過酒精為載體，向世界各地的飲者表述著每一片土地的時態變化。

　　十多年前接觸調酒時，市面上常見的琴酒不過十餘款，加上對於琴酒認知極其貧乏有限，以為琴酒不過是調酒酒譜裡一項材料；後來在閱知這些琴酒背後的故事、相關產製流程，便不自覺因此著迷，恨不得能夠走訪所有琴酒酒廠，嘗遍各種風味別具的琴酒酒款。

　　鑽研琴酒時日愈久，愈覺得琴酒根本是涵蓋蒸餾科學、植物研究、風味搭配，還有大量的勞動付出，甚至還需要一點感性浪漫，最後才能完成手中那杯香氣滿溢的佳釀，用最美味的方法入醉。

　　許多人開始對琴酒帶著好奇，更有些人願意深究探討；這時候如果有一本用淺白文字與豐富圖說的琴酒專書，從製程、品飲、搭餐、調製，簡扼地解說，相信會是個相當便捷知悉琴酒的方式。

　　新一代琴酒浪潮迄今逾十年，生產技術、世界潮流、材料運用等都已經與時俱進，市面上琴酒琳琅滿目，每天都有數款琴酒問世。投機客看到琴酒市場有機可乘，紛紛替自己冠上名實不符的稱號，推出令人瞠目結舌的琴酒，再拿華麗的語彙強力行銷洗腦消費者。該如何具備一定的能力去判斷真正值得品嘗甚至收藏的琴酒？看完這本書就能擁有這樣的基礎，破解虛偽的話術，讓你明白琴（酒）為何物。

目次

琴酒的來龍去脈

P.8

琴酒的蒸餾天地

P.28

品飲琴酒大哉問

P.72

選購琴酒有竅門

P.104

琴酒也能上餐桌！

P.122

琴酒調酒大觀

P.132

琴酒的世界版圖

P.156

附錄

P.168

琴酒的來龍去脈

說到琴酒，今天在全世界各地的酒吧都可以一親芳澤，絕對是時下最流行的當紅炸子雞。不僅可以直接品飲，也可以做成各種調酒。要度過一個時尚迷人的夜晚，少不了琴酒相伴，但是琴酒的進展並非一次到位，本書在接下來的篇章將會一一道來。琴酒花了幾個世紀的時間才形塑其鮮明特徵與身分地位。儘管琴酒這樣的透明烈酒，經常被不對等地與伏特加相提並論，但當我們開始覺得津津有味後，就會發現它令人難以置信的複雜風貌。坊間的琴酒各具不同風格，生產方式不同，甚至原料也大不相同。不要被過去喝過的廉價琴酒唬弄了，有些琴酒甚至能躋身藝術殿堂等級呢！

我年輕的時候很幸運地在爺爺家嘗到開胃酒後，從此得以接觸精彩的烈酒世界。我的爺爺喬治循序漸進帶著我慢慢品嘗，了解酒的奧妙。我也進而領悟製造出絕世美酒的兩個關鍵：一是產自土地的優質原料，二是人類精益求精而努力不懈的工藝技術。爺爺也教我要當心酒標上天花亂墜的華麗詞藻，事實上進一步細究這些產品時，就會發現都是不堪一擊的話術。

幾年之後，我設立了 ForGeorges.com 品酒網站。ForGeorges 的理念絕非高談闊論。我也因而能夠接觸到製酒業、調酒師、酒商和酒類愛好者，還成為調酒師比賽的評審，參觀法國和世界各地的蒸餾酒廠，甚至能品飲成千上萬種不同的酒。

若您想尋求琴酒世界入門之道、了解品飲琴酒的奧妙，並搞懂杯裡乾坤，那麼喬治將是您堅定不二的嚮導。散見本書各頁的「喬治之眼」，為您提供喬治的貼心小建議。

哪些人喝琴酒？

從琴酒的歷史與淵源來看，根深蒂固的陳腔濫調還真不少：
琴酒就是一種單調而無味的酒，只有英國人愛喝。
不過，再深究一下，就會發現這款酒千姿百態，極富特色。讓我們先來看看誰是琴酒愛好者！

英國女王伊莉莎白二世

從來頭最大的愛好者說起吧：女王伊莉莎白二世！她的母親也熱愛琴酒，或許在耳濡目染之下，女王也養成了喝琴酒的習慣。大家都知道女王陛下每天午餐之前要小酌一杯琴酒雞尾酒，也是女王當天的第一杯酒。以琴酒及杜本內酒（Dubonnet）為基底，再加入很多冰塊跟一片檸檬（小心去除檸檬籽）。午餐之後還要來上一杯辛口馬丁尼（Dry Martini）。

英國人

琴酒是大不列顛王國的指標酒，其歷史更與英格蘭地區息息相關。英國在 2019 年登記營業的琴酒蒸餾廠就多達 124 家，成長了 28%，英國琴酒蒸餾廠的總數也在四年內翻了一倍！

琴湯尼是精神病患喝的飲料？

別嚇壞了！聽完再害怕也不遲……根據 2017 年發表的一項研究指出，喜歡喝琴湯尼（Gin Tonic）的人比喜歡其他雞尾酒的人更有精神變態的傾向。這可能是琴湯尼的苦味所致，但喝琴湯尼並不一定會害你變成精神病患！

西班牙人

西班牙的氣候比英國溫和許多，在日益變遷的琴酒市場上成功躍居第三名寶座。他們是怎麼辦到的？主要是將琴湯尼「占為己有」並推出「量身定做」的版本。西班牙人的琴酒種類令人嘆為觀止，調酒的選擇也琳瑯滿目（不只使用劣質通寧水調製）。

調酒愛好者

像是辛口馬丁尼、琴費茲（Gin Fizz）、飛行（Aviation）、湯姆可林斯（Tom Collins）、尼格羅尼（Negroni）等等。幾個世紀以來，琴酒與雞尾酒的歷史密不可分。沒有出色的琴酒，就不可能調製出上述雞尾酒。琴湯尼一開始是用來對抗瘧疾的處方，但獨特的清新爽口隨後征服了調酒愛好者的味蕾！

調酒師

琴酒工業可謂日新月異，調酒師們也熱切期待更出色的新產品，為他們的調酒創作注入新活力！新款琴酒不只能讓經典的琴酒調酒脫胎換骨，也能讓他們隨心所欲在當代調酒創作世界中盡情揮灑想像力。

琴酒的種類

現今最廣為人知也最常見的琴酒是倫敦辛口琴酒（London Dry Gin），但還有其他類型的琴酒值得關注。
所有的琴酒最初都是透明無色的中性烈酒，但製程各不相同，口味和外觀也隨之改變。

一切都從荷蘭的杜松子酒（Geniévre）說起

沒有杜松子酒，就沒有今天的琴酒？杜松子酒經常被視為琴酒的荷蘭老祖先。但有些人認為杜松子酒是完全不同種類的酒，不像琴酒這麼主流。而且製造方式也不同：杜松子酒通常主要使用穀物麥汁，再加上水果、香草植物或香料蒸餾而成（進一步資訊請參閱 16-17 頁）。

老湯姆琴酒 Old Tom Gin

這是一種甜味琴酒，在還沒有出現蒸餾柱的十八和十九世紀非常流行。當時所生產的琴酒味道嗆辣，有時聞起來還令人作嘔。為了掩飾這個問題，並讓琴酒適合飲用，則加入檸檬或茴香來調味。後來又加入藥草增加甜度，最後是直接加糖。這種微帶甜味的琴酒拜調酒風潮所賜，最近重磅回歸國際舞臺。

倫敦辛口琴酒 London Dry Gin

這款純粹的乾型琴酒，顧名思義，最初只在倫敦生產。在 1831 年科菲蒸餾器（coffey still，柱式蒸餾器）發明之後沒多久推出的。這款新型蒸餾器能消除琴酒常見的不討喜味道。而現在倫敦辛口琴酒這個名字只是在指琴酒的種類，並不涉及地理標示意義：也就是說，在世界任何地方都能製造倫敦辛口琴酒。

黃色琴酒 Yellow Gin

因色澤微黃而得此名。為何呈現黃色？因為必須在酒桶中熟成，故又名熟成琴酒！十九世紀的時候原本是以木桶運輸和存放琴酒，因而從木桶中取出琴酒時即呈現微黃的酒色。不久之前，消費者對於經過熟成的酒類趨之若鶩，也讓黃色琴酒東山再起，重回消費市場。

普利茅斯琴酒 Plymouth Gin

　　普利茅斯琴酒是一個自 1793 年以來在普利茅斯巴比肯區（Barbican）蒸餾的琴酒品牌，沒有倫敦辛口琴酒那麼「乾」，帶有更多的柑橘香味。它的生產根據地普利茅斯琴酒廠建於 1431 年，據說曾是道明會（l'ordre des Dominicains）旗下的修道院。普利茅斯琴酒是唯一在英格蘭地區製造的烈酒，擁有歐盟地理標誌保護標章為其傳統產地掛保證，該標章成立於 2015 年，全世界僅有三款琴酒獲此殊榮。

黑刺李（野莓）琴酒 Sloe Gin

　　將黑刺李浸泡在琴酒當中並加入糖，即可釀製黑刺李琴酒，嚴格來說，這並非正統的琴酒，而是一種利口酒。傳統上要在第一次降霜之後採摘黑刺李，才能避免味道酸澀。浸泡過程中必須定期翻動，並存放在陰涼乾燥處至少三個月。有些黑刺李琴酒會放在酒桶中熟成，但這不是必要步驟。在歐盟市場銷售的黑刺李琴酒除了必須至少 25% 酒精濃度之外，也規定只能使用天然的香料成分。

新式西方琴酒 New Western Gin

　　現在讓我們把焦點轉往美國。這裡的微型酒廠自由蓬勃發展，也誕生出新式西方琴酒，特色是所使用的各種植物香氣比杜松子更突出。對於挑剔的人來說，這不過是一款與琴酒不同的烈酒，畢竟杜松子的味道必須占主要元素，才夠格被稱為琴酒。

索里吉爾琴酒 Xoriguer Gin

　　擁有歐盟地理標誌保護標章的琴酒，只在梅諾卡島生產。這款琴酒的歷史與英國士兵在梅諾卡島上的特權密切相關，過去他們經常在此停靠。島民為了提供琴酒讓英國士兵消費，認為與其從英國進口，不如自己動手生產。

琴酒與伏特加之超級比一比

琴酒經常被誤認為另一種酒：伏特加。

這兩者都透明無色，但其相似處也僅此而已。讓我們來看看這兩種透明烈酒的異同。

琴酒與伏特加的共同點

幾乎任何原料都可以製造琴酒和伏特加：玉米、葡萄、小麥、黑麥、馬鈴薯等。甚至不太尋常的原料都可以使用，如胡蘿蔔、甜菜根、牛奶或藜麥。一旦決定好基本原料，接著就會發酵，然後蒸餾。這個過程可以重複幾次，以去除某些不討喜的味道。然後加水讓酒精濃度下降至 40% 左右。

與伏特加的差異

要定義什麼是伏特加，比較簡單的方式是定義什麼不是伏特加。它被製造成一種無味（除調味伏特加外）、清澈和盡可能中性的烈酒。美國政府將伏特加定義為經過過濾或加工後「使其沒有獨特特徵、香氣、味道或顏色」的「中性烈酒或酒精」。字面上看起來不太討喜，但不能否認仍有酒體圓潤、順口的傑出伏特加。

伏特加起源於俄羅斯和波蘭（這兩個國家都聲稱是伏特加的生父）。但在世界任何地方，只要有原料，都可以做出伏特加。

琴酒又是什麼？

至於琴酒，是一種帶有些許杜松子香氣的酒。在歐洲，裝瓶時的酒精濃度至少 37.5%，在美國則是 40%。琴酒被定義為「用杜松子和其他植物性香料或植物萃取液一起蒸餾而成，或混合烈酒而產生的液體」。

因此，杜松子是製造琴酒的關鍵原料，杜松子的特性會強烈影響酒的味道，使其具有松香、草本和花香。琴酒的歷史可以追溯到荷蘭的杜松子酒，這是一種以葡萄酒製成的藥酒，後來被英國人在 1600 年代發生的八十年戰爭期間帶回英國，當時甚至稱杜松子酒為「荷蘭勇氣（Dutch Courage）」。

熱門伏特加品牌

絕對伏特加、野牛草伏特加、思美洛伏特加、
灰雁伏特加、坎特一號伏特加。

熱門琴酒品牌

龐貝藍鑽特級琴酒、英人牌琴酒、英國坦奎麗琴酒、
絲塔朵琴酒、亨利爵士琴酒。

受歡迎的伏特加調酒

血腥瑪麗、莫斯科騾子、白色俄羅斯、
性感海灘等等。

受歡迎的琴酒調酒

馬丁尼、尼格羅尼、漢基帕基、白色佳人、
拉莫斯琴費茲、湯姆柯林斯、三葉草俱樂部。

各有所長！

這兩種酒的差別都已經搞清楚之後，自然也能理解琴酒與伏特加在調酒中扮演的角色是無法隨便互換的！
伏特加無明顯香味，是製作各種調酒時最受歡迎的基酒之一。而琴酒緊追其後，因為有些調酒材料可能與它
的風味相衝突，完美調和的程度便略遜一籌。

琴酒的祖先：杜松子酒

杜松子酒（瓦隆語為 peket，荷蘭語為 jenever，英語為 dutch gin）很常被誤認為琴酒，
但其實杜松子酒在傳統上是以穀物為原料的烈酒，
雖然歐洲法規也允許在製程中使用任何農作物來源的中性烈酒，並以杜松子增添香味。

一點地理小常識

杜松子酒產自特定地區：它是法國北部、比利時（特別是哈瑟爾特和列日，當地稱為 peket）、荷蘭（斯希丹）和德國北部的特產，擁有歐洲原產地命名控制（AOC）認證。一般認為杜松子酒是以食用酒精釀製的現代琴酒「祖先」。魁北克當地稱它為「厚重琴酒（gros gin）」。

如何製作杜松子酒？

原先被用來當作藥品的杜松子酒是一種酒精濃度 50% 的蒸餾麥芽酒，十六世紀的荷蘭人用來治病。由於蒸餾大麥酒風味嗆辣，所以荷蘭藥劑師另尋良方，以調味的杜松子掩飾酒精強度。

至於製造過程，雖然杜松子酒被視為琴酒的祖先，但它與威士忌也大有淵源呢！一般來說，琴酒是在中性穀物烈酒中加入植物混合物（主要是杜松子）浸泡後而成；杜松子酒則是蒸餾以穀物（發芽的大麥、黑麥和玉米）為主的酒釀，然後將部分酒釀與杜松子混合後再次蒸餾。含有杜松子的蒸餾物與沒有杜松子的蒸餾物加以混合，才能讓麥芽和杜松子的風味取得適當平衡。

杜松子酒重返酒吧

對某些人來說是菁英感作祟，而另一派人則認為回味老祖宗的用心之作有其必要，無論如何，在世界頂尖酒吧裡遇到杜松子酒時，不要太驚訝。就像海地的國民甘蔗烈酒克萊林（Clairin）取代蘭姆酒，或是梅茲卡爾酒（Mezcal）取代龍舌蘭酒的地位一樣，對許多調酒師來說，手上有一瓶杜松子酒，無疑是回歸本源的代名詞！

形形色色的杜松子酒

老杜松子酒（oude genever）

屬於「古老」風格。較高比例的麥芽酒（至少 15%）和較少的中性烈酒製成。

年輕杜松子酒（jonge genever）

屬於「青春朝氣」的風格，麥芽酒的比例最高不能超過 15%，其餘為中性烈酒，因此酒體更輕盈，更易入口。年輕杜松子酒之問世一部分是為了順應消費者口味的變化，以及柱式蒸餾法出現後所帶來的影響。目前的市占率約 90%。

穀物杜松子酒（krenwijn）

最古老的種類，由 51% 至 70% 的麥芽酒製成。因此風味非常強烈。

熟成還是不熟成？

杜松子酒原先是一種透明無色、未經過熟成的烈酒，蒸餾後立即裝瓶。然而，它也可以像蘭姆酒等其他烈酒一樣（尤其如今的熟成趨勢蔚為風尚），在橡木桶中進行熟成的陳釀步驟。

藍領階級的飲料

傳統上，飲用杜松子酒與法國北部飲用「比斯圖伊（bistouille 皮卡第方言稱為 bistoule）」的習慣有關，是一種「加了烈酒的咖啡」。以前的人們在早晨上班前聚集在咖啡館裡，喝著加了杜松子酒的咖啡。這樣一杯飲料，能溫暖並為所有艱苦不堪的行業加油打氣。杜松子酒可以說曾經是從事體力勞動和繁重工作的人不可或缺的飲料。

而今天，早餐吃烤麵包時不再配一杯杜松子酒了，卻被當成消化酒甚至開胃酒喝。杜松子酒還與敦克爾克狂歡節息息相關，節慶活動時會喝一種稱之為「佛拉蒙魔鬼（Le diabolo flamand）」的調酒，三分之一杜松子酒混合三分之二的檸檬水，有時還會滴幾滴紫羅蘭糖漿。

地理標記

杜松子酒被公認有其歷史和文化貢獻。歐盟已將符合生產規範的 11 種特定類型的杜松子酒，列為地理標誌保護（IGP）產品：

比利時、荷蘭、法國部分地區和德國：荷蘭杜松子酒（Jenever 或 Genever）和穀物杜松子酒（Graanjenever 或 Graangenever）。

比利時、荷蘭、德國部分地區：水果杜松子酒（Vruchtenjenever、Jenever met vruchten 或 Fruchtgenever）。

比利時和荷蘭：老杜松子酒（Oude jenever 或 Oude genever）以及年輕杜松子酒（Jonge jenever 或 Jonge genever）。

比利時：東佛拉蒙穀物酒（O'de Flander Echte Oost-Vlaamse graanjenever）、哈瑟爾特杜松子酒（Hasselt genever）、巴勒根杜松子酒（Balegem genever）和瓦隆杜松子酒（Pékèt ou Pèkèt）。

法國的兩個省：法蘭德阿圖瓦杜松子酒。

德國的兩個邦：東弗里斯蘭穀物杜松子酒（Ostfriesischer Korngenever）。

Genièvre 和 Genièvre de Jura（汝拉杜松子酒）這兩個名字在瑞士也是受保護的地理標誌（歐盟同樣認可）。

琴酒大事記

巴黎不是一天造成的，琴酒當然也不例外。它經過了幾個世紀的興衰演進，歷經不同世代與族群的飲用，
才有今天的面貌。接下來讓我們綜覽琴酒從問世到發展起來的重大發現與關鍵時刻。

1269
杜松子應用於醫學。具利尿功能，用以治療肝臟、腎臟和胃部感染。荷蘭人雅各·范馬爾蘭特（Jacob van Maerlant）在《大自然的花》（*Der Naturen Bloeme*）中提到杜松子的功效。

1400
歐洲人將杜松子用於抵禦肆虐歐洲的瘟疫：以藥酒的形式或掛在面具上以期百毒不侵。

1495
杜松子烈酒專家菲力浦·達夫（Philip Duff）在荷蘭富商的手稿中發現了全世界最早的杜松子酒配方。除了稀有香料之外，最重要的是：杜松子！

十六世紀～
蒸餾技術從義大利流傳遍及全歐洲。蒸餾知識的普及歸功於希羅寧米斯·布倫瑞格（Hieronymus Braunschweig）於1500年出版：《蒸餾藝術之書》（*Liber de arte destillandi*）。

1572
據說一位才華橫溢的天才醫生西爾威斯·德布維（Sylvius de Bouve），在這一年發明了杜松子酒。因為他當時很有名嗎？總之這個傳說被收錄在許多百科全書中，但其實大錯特錯啊！

1714
伯納德·曼德維爾（Bernard Mandeville）先生在《蜜蜂寓言》（*The Fable of The Bees*）中首次使用「gin」一詞：「臭名昭著的利口酒之名來自荷蘭文中的 juniper berries（杜松子），如今是個單音節詞：令人陶醉的琴酒（gin）」。

十八世紀～
杜松子酒因在荷蘭工業化生產而興起，在1730年的統計中，斯希丹總共有120多家蒸餾酒廠。所需的植物由阿姆斯特丹的荷蘭東印度公司供應，超過85%的產品用於出口。

1720
英國《軍紀法》（Mutiny Act）允許蒸餾業者免於接待士兵留宿的義務。出於這個原因，許多客棧老闆著手投入蒸餾酒事業。

1717-1757
倫敦興起琴酒熱潮。在這時期，琴酒取代啤酒，席捲英國首都各貧民窟，造成社會動盪。

1723-1757
母親的崩壞——琴酒酒館有史以來首次允許女性與男性一起喝酒。導致許多婦女疏於照顧孩子，甚至轉而從事賣淫。

1769
高登（Gordon）建造蒸餾酒廠。

1806
在紐約報紙上首次出現「cocktail」（難尾酒／調酒）一詞的定義。

1828
第一家專賣琴酒的「琴酒宮（gin palace）」開幕。以明亮的煤氣燈，企圖與其他酒吧一爭高下。暗幽幽的酒吧基本上賣的是啤酒。

1831
隨著柱式蒸餾器出現，辛口風味的琴酒也於焉誕生。

1863
根瘤蚜蟲大肆摧毀歐洲葡萄園，葡萄酒和白蘭地的產量下降，琴酒從中得利！

1575

波士酒廠（Bols）於阿姆斯特丹成立，是世界上最古老的烈酒品牌。該酒廠專門生產杜松子酒，也使其成為世界領先的杜松子酒品牌。

1585

伊莉莎白一世女王派兵迎戰西班牙的菲力浦二世，當英國軍隊遇見琴酒：他們將琴酒取名為「荷蘭勇氣」並帶回英國。

十七世紀~

杜松子酒成功問世，由穀物烈酒和麥芽酒混合而成的Moutwijn(荷蘭語的麥酒)製成，其中加了杜松子，據說治百病。

1691

流亡的法國胡格諾派家族諾利（Nolet）建造了諾利酒廠，在荷蘭生產坎特一號伏特加（Ketel One）。坎特一號這個名字來自最初的燃煤銅製蒸餾器。

1695

沛魯士（Petrus De Kuyper）先生於 1695 年創立迪凱堡（De Kuyper）品牌，原先專門製作木桶和酒桶。1752 年，該家族在斯希丹擁有一家蒸餾廠，成為杜松子酒或琴酒的主要生產中心。

1729

史上首次頒布《琴酒法案》（Gin Act）。英國議會推出第一部（總共有八部）法案，增加了關稅和許可證費用。結果造成非法蒸餾業者欣欣向榮。

1733

第二部《琴酒法案》頒布。除了小酒館以外，不再允許商店販售琴酒。數以千計的商號因而改開琴酒酒吧。

1734

英國發起史上第一個反琴酒運動，主要是因為一位名叫茱蒂絲·德佛爾（Judith Defour）的單親媽媽殺死了自己的女兒小瑪莉，並賣掉她的衣服來買琴酒喝……

1751

第八部《琴酒法案》頒布。奧地利戰爭結束之後，英國士兵回到倫敦故土，卻開始搶劫和襲擊民眾。琴酒營業許可證的價格因而被提高到 2 英鎊，以杜絕在街上販售琴酒。

1757

英國政府因為農作物歉收，擔心飢荒，不但禁止所有的穀物出口，還禁止拿去蒸餾。蒸餾業者則改使用進口糖蜜蒸餾。

1884

拜倫（O.H. Byron）在《現代調酒師》（*The Modern Bartender*）中發明了馬丁尼茲（Martinez）或辛口馬丁尼（Dry Martini）。

1890

琴酒開始裝瓶販售。在此之前，市售琴酒通常直接從酒桶中汲取出來。

1919

發明了尼格羅尼（Negroni）。

1988

琴酒銷量下降之際推出了龐貝藍鑽琴酒（Bombay Sapphire），也象徵琴酒產業復甦。

2008

歐盟制定新法規以區別蒸餾琴酒和倫敦琴酒。

老湯姆琴酒的商業模式

十八世紀，酒精對倫敦人民已然造成莫大傷害，因此英國議會修法極力降低琴酒帶來的損害。
但他們低估了一些有心人士規避法律的心機，其中包括杜立‧布瑞斯追特（Dudley Bradstreet）上尉，
他研發出一項日後被稱為「老湯姆」（Old Tom）的商業模式。

間諜成了走私者？

老湯姆琴酒的歷史有許多傳說。其中最令人匪夷所思的是一個愛爾蘭線人成了非法蒸餾業者：也就是杜立‧布瑞斯追特上尉。他為此感到十分自豪，甚至在1755 年出版《杜立‧布瑞斯追特上尉的生活和不尋常的冒險經歷》（*The Life and Uncommon Adventures of Captain Dudley Bradstreet*）敘述他的豐功偉業。

杜立一生的際遇堪比好萊塢劇本，他原先是一名陸軍上尉，也是特務，後來鋌而走險成了罪犯。有感於倫敦人對琴酒如癡如狂，他於是弄來一份《琴酒法案》，認真鑽研法律漏洞，以便繼續賣琴酒。為了實現這個雄心壯志，杜立以他人名義在倫敦聖路加教區一個叫藍錨巷（Blue Anchor Alley）的幽靜地區租了房子，並將窗框改造成貓的圖樣：在貓爪下暗嵌一根突出幾公分的鉛管。在窗戶室內這一側的鉛管則連結著漏斗。萬事俱備之後，杜立開設了第一家日後名為「Puss & Mew（貓 & 喵）」的商店，批了價值 13 英鎊的琴酒來賣。

老謀深算的老湯姆

酒客只需敲敲窗戶，透過窗縫輕聲細語地說：「喵星人，給我兩便士的琴酒。」如果聽到「喵」聲回覆，表示今天有賣琴酒。酒客將硬幣投入貓嘴，店裡就會把琴酒倒進漏斗並從貓爪下的鉛管流出。顧客會拿著杯子接酒，有時甚至把嘴放在貓爪下面直接暢飲。

政府當局對此無能為力，杜立的事業完全得逞，順利運作了三個月。而他的成功吸引全倫敦的人都來向他買琴酒。

但是這個販賣手法隨後被如法炮製出現在倫敦所有小巷弄裡，杜立上尉也不得不關門大吉。

這個版本的傳說是最浪漫的，但歷史學家對此質疑，他們懷疑杜立上尉的人設戲劇化，掩蓋了事實……

絲塔朵琴酒 Citadelle

　　位於干邑地區的中心地帶，雖然這裡的同名烈酒比琴酒更有名，然而絲塔朵琴酒正是產自此處的邦邦內城堡（Bonbonnet）。蒸餾廠於 1996 年開始生產工藝琴酒，也是最早投入該酒款的法國酒廠之一。絲塔朵琴酒的歷史與干邑密不可分：干邑蒸餾商費鴻（Ferrand）家族受限於法規，只能在每年 11 月至翌年 3 月之間生產干邑白蘭地，導致蒸餾器在其餘六個月

完全閒置，看在莊園主人亞歷山大・加百列（Alexandre Gabriel）的眼裡覺得荒謬之至。因此他開始研究製造杜松子酒的蒸餾法，尤其認真研讀敦克爾克的史料並從中找到琴酒配方靈感：19 種植物、浸泡 72 小時。採用循序漸進的浸泡萃取工藝，依據每種植物的芳香成分進行不同的浸泡過程。雖然需時漫長，但成果令人滿意。更因具科學佐證，亞歷山大・加百列的法國琴酒研究心

血也成功獲得專利，至今仍是世上唯一被授予專利的琴酒浸泡。創新無疑是絲塔朵琴酒不可或缺的，尤其採用古老的琴酒技術，例如在各種類型的木桶中陳釀，在高達兩公尺以上的木製蛋形容器中混合，以及每年生產極少的限量體驗版。經過 25 年後，酒莊工人建造了燦然一新的蒸餾酒廠，可容納九個夏朗德蒸餾器（Alambic Charentais）。

荷蘭航海家的歷史

要了解琴酒的歷史，就不得不提荷蘭的偉大探險家，他們縱橫四海的壯舉長達數個世紀，
也讓杜松子酒能夠出口到海外。

東印度貿易帝國

荷蘭人以壟斷香料貿易為出發點，在東印度地區打造了強大的海上商業帝國。為了達到這個目標，他們仰賴林斯霍登（Jan Huygen van Linschoten）作為眼線，從葡萄牙人那裡竊取資訊，而他所累積的東方旅程航海知識很快就成為所有歐洲船長人手一冊的指南。

1595 年，阿姆斯特丹的資本家派遣了第一支探險隊前往東印度，帶回一整船香料。這趟旅程往返歷時兩年半，只有四分之一的船員生還。與東方從事貿易的公司越來越多，但是 1602 年的時候，全部被合併為一家公司，也就是荷蘭東印度公司（Vereenigde Oost-Indische Compagnie），其縮寫 VOC 也在全世界擲地有聲。

壟斷世界貿易

十七世紀的海運遠遠不如今天快速和發達。然而 VOC 勢力龐大，富可敵國，幾乎是國中之國：麾下不僅有 200 艘船艦，在海外的雇員甚至超過萬人。從 1602 年到 1781 年的海上航行近四千次，創造了極可觀的利潤。東印度公司壟斷了所有貿易，同時也有權發動戰爭、與君王打交道、建立貿易站、裁決司法案件，以及鑄造貨幣。不僅如此，還擁有一個非比尋常的製圖辦公室，極其精確的作業流程大大提高了海圖的準確性。這樣的商業強權自然能使杜松子酒跨出荷蘭國境，在海外發揚光大。

同一時間，蒸餾也進入工業化

荷蘭可能是第一個大規模讓蒸餾工業商業化的歐洲國家。1500 年至 1700 年間，每個城鎮都有幾座生產杜松子酒、烈酒或利口酒的蒸餾廠。毒舌的鄰國說是因為荷蘭天氣老是非常糟糕，他們無可奈何，只好製造這麼多的酒精。事實上，荷蘭當時正處於經濟成長期，也握有所有琴酒需要的原料。荷蘭人統治著各大海洋，不管在任何時候，東印度公司和西印度公司的船隻都在荷蘭的港口裝卸來自世界各地的異國食品和香料貨物。阿姆斯特丹是糖和香料的首選港口，也是利口酒的製造中心。鹿特丹以穀物聞名，而斯希丹則成為杜松子酒的主要產地。

以茶葉對抗琴酒？

　　VOC 的事業也成功站穩中國，進而得以進口一款新產品：茶葉。茶葉在 1610 年以藥用植物的身分被帶到阿姆斯特丹，到了十七世紀末，茶葉越來越常出現在中國的貨物中。茶葉貿易一帆風順，政府也鼓勵喝茶取代飲酒。

壟斷香料……對琴酒極為奏效！

　　荷蘭人在東印度地區展開了新型態的殖民政策，全面掌控香料的生產和貿易。農作物生產趨於專業化，以控制供給維持高價格。例如安汶的丁香、班達的肉豆蔻、錫蘭的肉桂……如果某種香料行情下跌的話，甚至整船貨物都會被扔到海裡。為了防止海盜打劫，確保高度的航行安全，船隊從阿姆斯特丹出發時，就以十六到二十艘船組成一隊，然後抵達印尼時分散到各個港口。

杜松子酒出口貿易

　　荷蘭人非常喜愛杜松子酒，也出口杜松子酒。荷蘭船上總是帶著幾瓶，因為運輸烈酒比運輸葡萄酒容易許多。十七世紀初期，沒有一艘荷蘭船離開港口時不裝載一批杜松子酒。往返荷蘭和英國港口之間的旅程，水手們也會帶回杜松子酒。來自荷蘭的威廉三世登上英國王位之後，英國的蒸餾工業也隨之大為發展，開始製造琴酒。當時英國琴酒的味道經常帶有丁香與沒藥等香料的芳香，與杜松子酒非常接近。

威廉·巴倫支（**Willem Barentsz**）的旅程

　　威廉·巴倫支這個名字在荷蘭之外較不為人所知，不過在荷蘭當地是響噹噹的傳奇人物。他是第一批試圖經由東北海路前往中國的人之一，在 1594 年至 1596 年期間嘗試了三次航行。他的船在新地島（Nouvelle-Zemble）北部被冰山擋住，17 名水手受困，不得不搭建小屋撐過好幾個月的冬天。為了生存，他們獵取北極狐為食。當夏天終於來臨，他們才意識到船隻已經不堪使用，於是決定搭乘小艇返回挪威。這趟近三千公里的旅程中，僅 12 名水手歷劫歸來，但巴倫支卻不幸去世。他們史詩般的故事被印成文字，在歐洲引起廣大迴響，然後又逐漸被世人遺忘。為了紀念這位不同凡響的探險家，現在出了一款向他致敬的琴酒：Barentsz Gin！

琴酒與禁酒令

還是有些人憑著一點詭計心機和小聰明，成功地鑽法律漏洞，甚而讓事業蒸蒸日上！

二十世紀的美國琴酒

二十世紀初期，琴酒在美國風靡一時，觸及不同的消費客層。例如有些琴酒憑藉其藥用的特質，以婦女為銷售對象，宣傳可治療婦科問題。甚至還有琴酒加牛奶或熱水的醫師處方。當然也不乏大肆吹噓琴酒具有療效的廣告：「純琴酒是對抗許多疾病的關鍵藥物，特別是泌尿系統」。

琴酒也因為提神功效而被廣泛飲用，並強調不需處方即可在藥房購買。根據當時的統計，美國人確實大量飲酒，每年消耗約 40 公升的烈酒。

禁酒令到底是什麼？

禁酒令主要於美國 1920 年至 1933 年之間的時期執行。在此期間，要入手酒精飲品對許多美國人來說相當棘手，因為酒精成了違禁品呢！

為什麼美國會有禁酒令？

許多牧師大多盼望能提高美國公民的道德水準，並改善最需要幫助的人的生活。 一些婦女義無反顧加入禁酒運動，因為她們很清楚酗酒會導致家暴。美國反酗酒聯盟（ASLA）動員基督教團體的力量，監督州政府與聯邦政府立法禁止酒精。

1917 年 12 月 22 日，美國共有三十六個州提出法案，並在 1919 年通過了《憲法第 18 修正案》（Eighteenth Amendment）。該法案禁止製造、銷售和運輸任何酒精濃度超過 0.5% 的飲料，但醫療藥水、彌撒用的酒或自行在家中製作的飲料不在此限。

非法行為的開端

　　然而，美國消費者對禁酒令不以為然，黑市交易隨之風生水起。不是透過加拿大等鄰國取得，就是從歐洲運經百慕達或巴哈馬等英國屬地。加拿大、法國和英國的酒類匯集於這些地方，然後被裝上酒精走私船（稱為 rum runners，專門運載當時被禁的酒精飲料），載往美洲大陸。

　　這些成箱的酒精飲料能以高價在黑市上販售。為了賣酒，酒館和酒吧很快就不敵反文化風潮：名為 Speakeasy 的地下酒吧崛起！據估計，單單紐約這個城市就有超過三萬家非法酒吧。甚至出現「gintellectuels」這個結合琴酒與知識分子的新詞，形容紐約的調酒愛好者族群。

順應時勢的琴酒品牌

　　禁酒令時期原本可能讓英國琴酒蒸餾廠走向末日。美國當地的黑幫分子一手掌控酒類的供應，其中最著名的是艾爾・卡彭（Al Capone），被視為酒類和地下酒吧的國王（他在芝加哥擁有大約一萬家地下酒吧）。

　　然而英國琴酒蒸餾廠並沒有停止與美國做生意，而是順應時局。例如蒸餾者有限公司（Distillers Company Limited，高登琴酒〔Gordon's〕和坦奎麗琴酒〔Tanqueray〕的生產者）巧妙制定了一整套運送流程，將琴酒經由加拿大偷偷運送到美國後，由私酒商運出邊境，或是轉運至德國來掩人耳目。

浴缸琴酒的誕生

　　一些美國人開始在自家浴缸裡如法炮製，浴缸琴酒（Bathtub Gin）於焉誕生！為此，他們回收中性烈酒（通常品質低劣），並與水、杜松子汁、甘油混合。另有資訊來源指稱浴缸琴酒，不僅只是在浴缸中製作的琴酒，還包括所有類型的手工烈酒。而用來混合穀物酒、水和調味香料的容器一定要夠大，才足以供應用戶製作，但又不能太大，才能祕密地操作⋯⋯

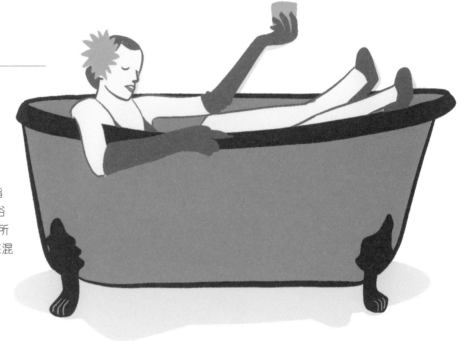

陰錯陽差問世的調酒！

　　這種浴缸琴酒的品質普遍很差，幾乎不可能純飲。因此幾個調酒師靈機一動，想出了將琴酒與果汁混合的點子，不但有助於掩飾酒客的酒氣，就算遇到員警臨檢也難以辨別呢！

你知道嗎？

浴缸琴酒也是英國艾柏佛斯（Ableforth's）生產的一款琴酒品牌名。製造原理與過去相同，採用浸泡方式而不是蒸餾芳香植物。

蒸餾器大乾坤

雖然琴酒製造商不見得一定要配備蒸餾器，但對於倫敦辛口琴酒和蒸餾琴酒而言，
蒸餾器這個結合了物理與化學的魔法般的工具則是必需品。

一點小歷史

蒸餾器是蒸餾過程的核心物件，早在蒸餾酒問世之前就已經出現，原先用來製造香水、藥物或精油。它的法文是 alambic 來自阿拉伯文 al'inbïq，而這個字又來自希臘文 ambix，原意為「器皿」。

講究的工具

在琴酒的蒸餾過程當中，先將蒸餾器加熱再冷卻，可以將同一原料的不同元素分離出來。不同植物會選擇不同蒸餾法，因此蒸餾器的形狀和大小將是影響琴酒味道的重要關鍵。

銅的作用

使用銅製作蒸餾器並非僅是美觀，而是因為銅具有絕佳的催化與導熱功能，還能夠完美消除硫化物異味（類似臭雞蛋的氣味）和雜醇油讓琴酒口感更柔滑，具備更多花果香氣。酒精蒸氣與銅的接觸面積越大，最後蒸餾出來的酒體就越輕盈純淨。

蒸餾器對琴酒的重要性

蒸餾器的選擇，對於琴酒的風味具有舉足輕重的影響，因為幾乎所有琴酒在蒸餾之後都直接裝瓶。所以琴酒必須在二次蒸餾的階段就具備所有你想賦予的風味，因為熟成無法再影響琴酒本體的味道了。

不使用蒸餾器的琴酒？

有一些品牌販售合成琴酒（compound gin），或調味琴酒。他們製作這類型的琴酒使用中性烈酒，並添加天然或人工香料。某些情況下，琴酒只是簡單地泡過杜松子而已。但是大多數情況是在中性烈酒中加入香料，這類型的琴酒通常含有糖分。

壺型蒸餾器

自十六世紀以來即為人所熟知的壺型蒸餾器需要操作兩次:第一道蒸餾獲得濃度較低的酒精(25%-30%),接著再次蒸餾,去除不適合飲用的酒頭和酒尾,只保留酒心,才算取得最終產品。

製造琴酒的時候,會以中性烈酒為蒸餾基礎,加上植物性香料,用壺型蒸餾器進行二次蒸餾。

柱式蒸餾器

柱式蒸餾器在十九世紀才姍姍來遲。與眾多前輩相比,雖然不太上相,但是因為具有一整組的蒸盤,可以連續不斷地蒸餾,更快速也更具經濟效益。只要不停投入材料,柱式蒸餾器就能馬不停蹄地持續運作。

混合型蒸餾器

雖然不是太普及,但這種蒸餾器結合了柱式與壺型兩種類型。琴酒經過第一道蒸餾之後,再送入精餾柱進行二次蒸餾。

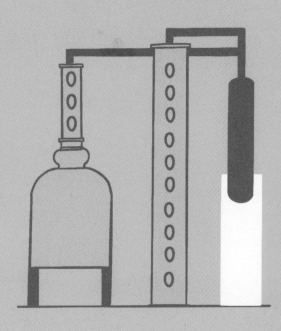

2

LE GIN C'EST PAS SORCIER

琴酒的蒸餾天地

想要點石成金？我們仍在等待天降祕方。但是要把杜松子變成琴酒是可能的，而且更有意義！重點是，製作琴酒不只有一種方法。蒸餾師在傳統和現代之間穿梭汲取靈感，猶如煉金術士般精心製造琴酒供您品嘗！喬治將帶領我們追溯他們所走過的足跡。

CHAPITRE 2 : LA DISTILLERIE

CHAPITRE 2 : LA DISTILLERIE

LE GIN C'EST PAS SORCIER

琴酒的原料

製作琴酒因為不需要太多原料,看起來很簡單。但是製作出一流或是淡而無味的琴酒,取決於原料品質,以及讓原料相輔相成的製酒技術。琴酒沒有固定配方:任何能增添芳香元素的原料都可以使用。

製作琴酒需要什麼?

製作琴酒需要以下原料:中性烈酒、植物性香料,主要是杜松子。要注意不要把植物性香料跟香料植物搞混了。我們所說的植物性香料包括植物的根、果實、種子、香料、漿果、堅果、樹皮和草本植物。

俯拾即是的琴酒配方

每種琴酒都有各自的植物性香料的配方,而讓琴酒產生不同風味的關鍵是添加或萃取的方式。

製造經典琴酒的每一種植物,都與配方中其他植物相得益彰或互補,同時帶出琴酒本身的特色,才能造就獨一無二的琴酒。

一般來說,不只會根據每一種植物對琴酒風味的影響進行評估,也必須考慮對酒體的平衡、質地和味道的作用。琴酒早期發展時,也會依據藥用特性挑選植物。

在酒中添加植物也會受到其他許多變數的影響,如產地、蒸餾或萃取方法以及新鮮度。

琴酒中的植物性香料一般可分為以下幾類風味和香氣:

柑橘類　　香料　　甜味　　花香　　草本

我的琴酒裡為什麼有添加物?

除了倫敦辛口琴酒以外,酒廠為了讓大多琴酒的風味有更多變化,會在蒸餾後加入添加物(香精)。

這些添加物可以呈現不同的層次:

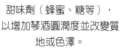

甜味劑(蜂蜜、糖等),以增加琴酒圓潤度並改變質地或色澤。

植物萃取液或蒸餾液(如黃瓜),讓難以用蒸餾法萃取的味道更突出。

琴酒法規劃重點

　　世界上不同地區的琴酒會由不同的法規管理。在法國是根據歐盟制定的一系列「烈酒飲品法規（Regulations on spirit drinks）」，規範是否可以標示為「琴酒」。這些法規載明琴酒定義，而琴酒瓶外觀、文字介紹和標籤也都有必須遵守的規定。

酒精濃度必須至少達到 37.5%，才能當作「琴酒」販售。如果酒精濃度低於 37.5%，但高於 15%，則以「烈酒」稱之。唯一的例外是黑刺李琴酒（Sloe Gin），雖然酒精濃度低於 37.5%，但仍然可以稱為「琴酒」。

琴酒、蒸餾琴酒與倫敦琴酒

　　歐盟的「烈酒飲品法規」還明定「琴酒，蒸餾琴酒與倫敦琴酒或倫敦辛口琴酒」的法律定義（第 20 至 22 類，《歐洲聯盟公報》，2019 年 5 月 17 日）。

琴酒

琴酒是一種以杜松子為香料的烈酒，由農產酒精與杜松子（學名 *Juniperus communis L.*）調和製造而成。

琴酒必須含有至少 37.5% 的酒精濃度。

琴酒的製造只能使用調味原料或調味萃取液，或者兩者同時使用，而且杜松子的味道必須為主要風味。

如果成品每公升所添加的甜味劑不超過 0.1 公克（以轉化糖表示），可在「琴酒」標示上使用「辛口」一詞。

蒸餾琴酒

符合下列兩種定義之一者，即可視為蒸餾琴酒：

• 一種用杜松子調味的烈酒，僅能使用酒精濃度為 96% 的中性烈酒與其他天然植物產品蒸餾製造，必須具有強烈的杜松子芳香。

• 上述蒸餾液與相同的成分、純度和酒精度的中性烈酒調和之後產生的化合物；第 20 類第三點所列的調味原料或調味萃取液，可在蒸餾過程中單獨或同時使用，為琴酒增添風味。

蒸餾琴酒必須含有至少 37.5% 的酒精濃度。

如果只是在中性烈酒中添加香精或香味的琴酒，就不能算是蒸餾琴酒。

如果成品每公升所添加的甜味劑不超過 0.1 公克（以轉化糖表示），可在「蒸餾琴酒」標示上使用「辛口」一詞。

倫敦琴酒

倫敦琴酒是一種蒸餾琴酒，必須符合下列要求：

• 使用每 100 公升不超過 5 公克甲醇的優質中性烈酒為蒸餾基底，在使用天然植物原料的情況下，琴酒香氣在蒸餾中性烈酒的過程中產生。

• 蒸餾完成的酒液必須含有至少 70% 的酒精濃度。

• 添加的任何其他中性烈酒應符合歐盟「烈酒法規」第 5 條要求，每 100 公升不得超過 5 公克甲醇。

• 蒸餾後的酒液呈透明無色。

• 成品每公升所添加的甜味劑不超過 0.1 公克（以轉化糖表示）。

除了上述成分和水之外，沒有添加其他成分。

倫敦琴酒必須含有至少 37.5% 的酒精濃度。

倫敦琴酒可使用「辛口」一詞或是包含在品名裡。

以中性烈酒作為基底

要製作琴酒，就需要烈酒！

但與許多烈酒（威士忌、龍舌蘭……）不同的是，這種作為基底的烈酒必須盡可能中性。

很多人把這種中性烈酒比喻為畫布，讓大師能揮灑自如地展現才華。

即使我們經常忽略它們的存在，中性烈酒猶如畫布一樣都是不可或缺的。

真正中性的烈酒！

　　歐盟關於製造琴酒的規定指出，琴酒是一種用杜松子調味的烈酒，以「中性烈酒」為基底，代表可以從穀物、甜菜根、葡萄酒、馬鈴薯、糖蜜等農作物中製造這種烈酒。但最重要的一點是，「除了生產中使用的原料的味道之外，必須不能有其他味道，而且蒸餾後的酒精濃度至少為96%」，也就是一種中性到不能再中性的烈酒！

　　歐盟法規的定義造成一些蠻有趣的情況：工藝琴酒的小型酒廠寧願向大公司購買中性烈酒，也不願意自己製造，因為對於這種最終必須是中性的東西而言，自製成本未免昂貴……所以，你手上的工藝琴酒真的是表裡如一的工藝琴酒嗎？請自己判斷吧……

中性烈酒有哪些成分？

　　從歷史角度來看，寒冷地區裡以穀物作為烈酒的基本原料。在較溫暖的地區則使用水果和草本植物。而琴酒源自於歐洲一事，恰恰證明穀物製成的中性烈酒自古以來始終是主流的選擇。

　　在今天，琴酒生產的關鍵取決於這種中性烈酒的成本。由於穀物製成的酒精成本相當實惠，因此，全世界98%以上的琴酒商品都採用發酵穀物。

　　為了脫穎而出（無論是從行銷角度或是想創造不一樣的口感質地），一些品牌使用特別的原料，比如說馬鈴薯酒精（英國的翠絲〔Chase〕琴酒）、葡萄酒精（法國的紀凡〔G'vine〕花果香琴酒）等等。由於純中性烈酒可以從穀物、玉米、葡萄、甜菜、甘蔗、塊莖或其他發酵的植物原料中蒸餾萃取，所以也可以使用任何富含糖或澱粉的物質。

原料質地對中性烈酒的影響

玉米與小麥

猶如空白的畫布，為植物性香料提供
盡情揮灑的空間。帶有淡淡的甜味，
非常適合濃烈和辛辣味道的琴酒。

未發芽的大麥

提供如絲般滑順的質地，
帶有淡淡的香草油脂和一點柑橘味。

發芽的大麥

麥芽成分賦予類似杜松子酒般的粗獷帶
刺的口感，有淡淡的茴芹或茴香風味，
讓人聯想到尚未熟成的威士忌。

裸麥

帶有些許甜味以及一些葉子
和草本清香。油性和黏稠的質地，
帶有香料和辛辣味。

米

為酒體帶來精緻、輕盈和鮮明的質地，
賦予多汁與果香的特色。

葡萄

賦予多汁及鮮美的質地，口感圓潤，
帶有果乾和花香。

蘋果

提供細緻、清新和略帶酸味的香氣。

西洋梨

具有清新的特色，略帶花香與綠色樹皮
風味。

甘蔗或糖蜜

帶來甜蜜和甜稠的口感。

馬鈴薯

入口柔軟濃郁，尾韻圓潤而悠長，
帶有果香與花香。

燕麥

賦予奶油般柔和的質地，
加上植物性香料與花香氣息更臻完美。

龍舌蘭

賦予鹹度與煙燻香氣，
以及清新而乾爽的葉子調性。

楓樹漿

為酒液帶來甜味和焦糖風味。

牛奶乳清

提供厚重、豐富的層次，襯托並增強了
辛辣的氣息。

如何製造中性烈酒？

　　這是琴酒生產商很少詳細說明的事……因為是個不怎麼有趣的步驟！事實上，這個步驟通常是在酒廠外面進行的，也就是其他工業蒸餾酒廠。蒸餾廠用柱式蒸餾器蒸餾之後，取得名為「surfin」的中性烈酒，酒精濃度約96%。蒸餾廠再將這些中性烈酒賣給經政府許可的經營者（在海關註冊並具合格經銷商身分的企業主）。

中性烈酒的價格是多少？

　　當然，成品的定價取決於原料價格。不過，就算你手中的這瓶琴酒大部分是中性烈酒，也請知道一公升中性烈酒的成本可能不到 50 歐分！這也無所謂啦，從來沒有人對梵谷使用的空白畫布價格提出質疑……畢竟這並不影響他畫出曠世傑作嘛。

用伏特加酒來製作琴酒？

　　如果你讀了上述內容之後，自認可以自製琴酒，那我得先告訴你，一般人無法買到中性烈酒。只是，如果你認真讀完本書，或許會躍躍欲試自製琴酒，那麼以伏特加作為中性烈酒的基底也行得通！這樣的話，千萬不要選擇太廉價的伏特加，因為酒性猛烈，可能會讓你喝完之後頭痛欲裂！

龐貝藍鑽琴酒 Bombay Sapphire

　　湛藍的瓶身，並覆以復古風格的包裝，英文品名能立即令人聯想起印度仍屬英國殖民地時期的遠大旅程。只不過龐貝藍鑽琴酒在 1987 年才真正問世。1761 年，年僅 24 歲的英國人湯瑪士・戴金（Thomas Dakin）先生推出以他家鄉為名的沃靈頓琴酒（Warrington Gin）。他採用相當創新的蒸餾法，將 10 種植物性香料的香氣透過蒸氣注入酒精之中。他的琴酒很快就一炮而紅。1980 年代的時候，法國人米歇爾・魯克斯（Michel Roux）投身

琴酒生產。為了重振琴酒雄風，他著手改良「龐貝原創」（Bombay Original）的琴酒配方。經過了兩年鍥而不捨地研究，除了原本配方中的杜松子、甘草、檸檬皮、桂皮、芫荽籽、鳶尾花根、歐白芷和杏仁，他又加了天堂椒和蓽澄茄（尾胡椒）。

　　而他在取名時加入了「藍鑽（Sapphire）」這兩個字，並在瓶身燙上藍色薄膜，就成為現在藍色玻璃瓶的前身。而這個創舉在所有人都宣誓效忠伏特加的時刻，拯救了幾乎被

世人拋諸腦後的琴酒。當然還不能不提到新一代調酒師的導師，迪克・布拉德塞爾（Dick Bradsell）先生，他與龐貝藍鑽琴酒的邂逅碰撞出許多新調酒，包括現在無人不曉的「荊棘（Bramble）」。酒商百加得（Bacardi）在 1997 年收購該品牌之後將其發揚光大，在拉維斯托克磨坊（Laverstoke Mill）建造了全新蒸餾酒廠，托馬斯・海澤維克（Thomas Heatherwick）為廠區設計了令人嘆為觀止的溫室，更讓蒸餾酒廠名聞遐邇。

杜松子

這是製造琴酒最關鍵也最不可或缺的元素，沒有杜松子就沒有琴酒！
正是這種植物性香料能將中性烈酒轉化為風味豐富的酒液。雖然一般也會添加其他植物性香料，
賦予更多不同的層次口感，但杜松子仍然具有不容動搖的首要地位。

源遠流長的歷史

　　杜松子的歷史非常悠久。根據埃及人在莎草紙上的紀載，早在西元前 1550 年，人們就用杜松子治療消化系統疾病、泌尿系統感染和消水腫。考古學家還在歐洲的陵墓中發現它的蹤跡。而羅馬人則用杜松子取代胡椒，因為當時的胡椒既昂貴、取得不易，所以杜松子也被稱為「窮人的胡椒」。

杜松子到底是什麼？

　　杜松（刺柏）是六十多種常綠喬木和灌木的俗稱。杜松子生長在一種叫做杜松的多刺灌木上，與柏樹和崖柏同屬一個家族。杜松的鱗葉在夏季會逐漸豐厚並形成假果，俗稱漿果。

　　杜松子通常以手工採摘，所以要小心別被刺傷了手！必須戴手套才能避免尖刺，還要在樹下放篩網，然後搖晃樹枝讓成熟漿果掉落到篩網中。深藍色的漿果需時兩年才能完全成熟。在法國各地都有杜松，但歐刺柏（學名：*Juniper communis*）是最廣泛的樹種。在法國北部甚至屬於受保護的物種！

默默生長的杜松子！

　　生產琴酒用的杜松子果實通常來自義大利、塞爾維亞、馬其頓和印度。其中品質最好的杜松子，通常生長在在托斯卡尼和馬其頓的山坡上。歐洲的杜松子往往顏色比較深，呈藍紫色，於十月到二月期間以手工採摘。亞洲的杜松子顆粒較大，價格也便宜。

有益健康的植物

　　杜松子自古以來就與疾病預防息息相關。古希臘醫生希波克拉底甚至建議用它催生，其他古希臘醫生則認為它具有清潔腎臟和肺臟的功效。在各種瘟疫流行期間，醫生們在醫院門口燃燒杜松枝，並將杜松子掛在他們看診時戴的面具上。即使在今天，法國山區有些人家仍然會在穀倉和房子裡燃燒杜松枝，以驅除邪靈。

食用杜松子的好處

食用小劑量杜松子可以：
- 調理神經系統。
- 刺激食欲和幫助消化。
- 刺激肝細胞。
- 治療消化不良和腸胃脹氣。

具有 1000 種風味的植物！

　　杜松子與中性烈酒結合時，會產生松香、木香、胡椒味、檸檬味、辛辣味和薄荷味。不同種類的杜松具有不同的芳香分子，比例也各不相同，這些都取決於生長地點。也因此酒廠通常都直接向特定的採收者蒐購杜松子，以及其他植物性香料。

　　根據一項研究，杜松子及其油脂含有 70 種不同的化合物，以下列出其中主要幾項：

月桂烯（Myrcene・8%）

草本、木質香，帶有一點芹菜和胡蘿蔔的味道。

香檜烯（Sabinene・6%）

木質香、辛香，帶有柑橘香與一點青綠、油潤和樟腦氣息。

檸烯（Limonene・5%）

甘甜，帶有柳橙及柑橘香。

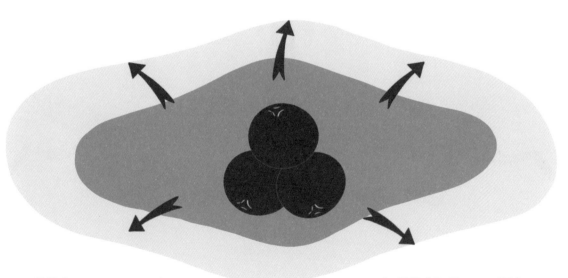

α - 蒎烯（α -Pinene・51%）

木質香、松香和松節油芳香，有一種來自植物的清爽淡樟腦味。

β - 蒎烯（β -Pinene・5%）

清爽，木質香，讓人聯想到松樹和松節油，帶有薄荷、尤加利樹和樟腦的清新香氣，以及胡椒和肉豆蔻的辛辣調性。

芫荽

芫荽是僅次於杜松子,在琴酒生產中最常見的植物性香料。更確切地說,琴酒裡使用的是芫荽籽,
也就是「種子」。多數琴酒所使用的非杜松子植物中,芫荽籽佔很大的比例。

芫荽到底是什麼?

　　芫荽是一種植物性香料,味道強烈容易識別。原產於地中海地區,三千五百多年前的埃及已經開始種植。它在古希臘被當成藥物,而羅馬人則當作防腐劑。

　　芫荽的葉片扁平。果實(種子)在乾燥狀態時散發出甜美的麝香與檸檬香。法國也有人叫這種草本植物為「中國香芹」,因為時常出現在亞洲菜中。從營養學的角度來看,它是維生素 K 和抗氧化劑的來源,有益身體健康。

新鮮芫荽與芫荽籽比一比!

　　即使「芫荽」一詞讓你不寒而慄,但千萬不要慌!用於製作琴酒的不是植物本人,只是種子。而且還有個好消息:芫荽籽與新鮮芫荽(香菜)風味截然不同!它能賦予酒液淡淡的柑橘芳香(萊姆和檸檬皮、萊姆和若有似無的辛香)。

　　芫荽是一種經濟作物,花呈白色,花朵後方結成種子,種子不斷長大直到收成。為了避免細菌感染,芫荽籽在乾燥之後才會送到蒸餾酒廠,並安全無虞的方式儲放著。

芫荽從哪裡來？

酒廠所使用的芫荽有兩個主要來源：

一是摩洛哥：香菜在二月種植，五月收成。

二是東歐（羅馬尼亞）：二月種植，七月開始收割。

芫荽在東歐的生長時間較長，精油含量因而更高，比摩洛哥生產的芫荽高約 0.8 至 1.2%。這樣的比例差異即可決定香味的強度。

芫荽中所含的精油成分主要是芳樟醇（Linalool，70%），具有甜味、辛香，還有薰衣草的芳香馥郁。接著是杜松子裡也有的 α - 蒎烯，所以這兩種原料相得益彰。最後一種化合物是 γ - 萜品烯（γ-Terpinene，10%），使其帶有柑橘味。

這種甜香的比例因地區而異，例如保加利亞的芫荽籽比摩洛哥的辛辣許多。兩者並無高下之分，就像我們烹飪時，會根據口味喜好挑選適合的香料一樣。有些酒廠甚至會在他們的琴酒中同時使用兩種芫荽籽！

當然也可以依據芫荽籽特色選擇原料來源。生長在北方的品種油質含量較高，甚至帶有果香，但許多蒸餾業者特別青睞生長在西班牙南部的芫荽籽。溫暖和漫長的熱帶氣候賦予經典的辛辣，也略帶檸檬香。

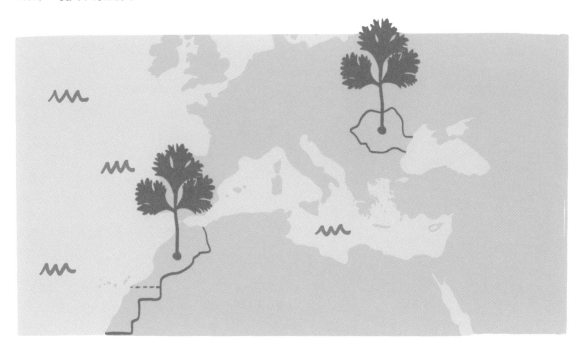

芫荽：琴酒的基本元素！

如果芫荽籽能為琴酒增添柑橘香氣與香料氣息，那麼為何不直接使用柑橘和香料呢？因為芫荽籽還會帶來乾爽度，從而突顯其他風味。像倫敦辛口琴酒的口感就應該是爽脆冷冽的！芫荽籽與杜松子之絕配也無人能比。杜松子是一種強烈的植物性香料，而芫荽細膩，因此兩者能讓琴酒結構達到平衡，符合酒廠的期待。

一顆種子，多種用法！

芫荽籽買來就可以直接使用，但有些酒廠會先烘烤過再浸漬琴酒。其他也有人還會碾碎再用！甚至有人說，榨過的新鮮芫荽籽似乎也有麻醉作用。

檸檬

檸檬是日常生活中相當常用的柑橘類水果,在琴酒製作中也佔有一席之地,不僅是調酒杯壁上的裝飾,在琴酒製作配方中也具舉足輕重的地位。據估計,世界上三分之一的琴酒配方中都有檸檬。

檸檬來自亞洲?

檸檬原產於亞洲,一般認為最早出現在印度。雖然檸檬樹早在羅馬時代就經由義大利傳入歐洲,但歐洲開始用心種植檸檬卻是在文藝復興時期。哥倫布在 1493 年將檸檬帶到美洲,當時歐洲才剛開始大量種植檸檬沒多久,就在義大利北部的熱那亞。

檸檬樹

檸檬生長在學名為 *Citrus limon* 的常綠樹上,開著粉白色的漂亮花朵,是芸香科中的柑橘屬。檸檬樹並不高大,幾個世紀以來始終是相當受歡迎的室內植栽。我們熟知的檸檬果實呈橢圓卵形,因具有高度酸味和維生素 C,被廣泛使用於烹飪和醫藥。

琴酒中的檸檬

一般使用檸檬皮製作琴酒,因為檸檬皮所含的精油比例較高。蒸餾商使用的檸檬大多來自西班牙,他們以手工將檸檬皮剝成完整一片,然後在陽光下曬乾。

曬乾的好？還是新鮮的果皮好？

使用曬乾的果皮或新鮮的果皮完全取決於蒸餾師喜好。新鮮的檸檬皮賦予琴酒更多風味，酒色也更加透亮。而曬乾的果皮則讓琴酒嚐起來多一層蛋白霜檸檬塔的滋味。有些蒸餾酒廠為了讓琴酒更奔放與清香，甚至在蒸餾器中丟入整顆檸檬。

當檸檬星光四射

以往在琴酒配方中，檸檬常常屈居次位，如今則扳回一城：龐貝藍鑽最新推出的特級莫西亞檸檬琴酒（Bombay Sapphire Premier Cru Murcian Lemon Gin），主打檸檬為特色。但他們所使用的檸檬可不是泛泛之輩，而是莫西亞（Murcia），並以風味絕佳和獨特的手工製作。為了盡可能地減少精油流失，每片完整的檸檬皮都以手工小心翼翼剝除。然後將這些芳香四溢的檸檬皮在陽光下自然曬乾，使其釋放出強烈香氣。

沒有柑橘卻有柑橘味？

即使你的琴酒帶有柑橘香，也別太快斷定配方中含有柑橘。事實上，杜松子和其他經典的琴酒植物性香料，例如含有足夠檸烯的歐白芷，也能讓琴酒嚐起來有柑橘味，但事實上沒有添加任何柑橘類原料！

你知道嗎？
英國海軍原先使用檸檬汁預防壞血病，後來才以更便宜的萊姆配給取代軍需。

柳橙

早餐一顆柳橙是補充豐富維生素 C 的理想選擇。柳橙同時也是琴酒配方當中常見的植物性香料。

柳橙的歷史

柳橙於數千年前源自東南亞，直到十五世紀才隨著大型商業旅行的興起在歐洲逐漸普及。目前最早的柳橙蹤跡出現在大約西元前 2200 年的中國。柳橙的種植接著逐漸往西開疆闢土，首先是蘇美人，然後再傳到古埃及。雖然在第二和第三世紀的時候，柳橙園在北非遍地開花，但直到西元一千年左右，阿拉伯人才將這種水果引入南歐。十五世紀末期，柳橙被葡萄牙人從貿易樞紐的錫蘭帶進法國，被種植在專為柳橙設計的橘園（orangeraie）裡。其中最美輪美奐也最負盛名的是路易十四時期在凡爾賽宮建造的橘園。

柳橙到底是什麼？

柳橙是肥厚多汁的圓形水果，外部有一層鮮亮的柳橙皮。果實內部通常有 10 瓣果肉，周圍包覆白色組織物質，稱為橘絡。

柳橙樹是一種會開花的常綠植物，可長到 9 或 10 公尺高。樹齡在 50 至 80 年內都能結出豐盛果實，不過有些年紀已經數世紀的老欉仍能結果。

甜橙與苦橙比一比

你的琴酒中可能含有兩種柳橙。第一種是甜橙，也較為人所知，你一定用過它榨汁；它的果皮芬芳，果肉多汁甜美。第二種是苦橙，又稱為「塞維亞柑橘（Orange of Sevilla）」；果皮含有豐富精油和果膠，主要用來釀造烈酒。

琴酒中的柳橙

柳橙與檸檬一樣富含維生素C，都曾被用來治療船上水手的壞血病。葡萄牙、西班牙和荷蘭的水手甚至在貿易路線沿途種植柳橙樹。橙皮屬於植物性香料，可製作琴酒，新鮮和曬乾的都可以使用。不過，歷來琴酒中若要加苦橙皮，通常都是乾燥過的，只有甜橙皮才會使用新鮮的。一些琴酒蒸餾廠還會使用其他不同部位和種類的柳橙：例如橙花或血橙，當然也有人使用整顆新鮮柳丁。

十八世紀即開始使用柑橘類水果

你以為在琴酒中添加柑橘類是一種現代發明嗎？那你就錯了！高登琴酒的發明者亞歷山大·高登（Alexander Gordon）先生生活在十八世紀的倫敦，當時的柑橘類水果可謂滿坑滿谷，不管是節慶宴會或上流晚宴都少不了柑橘類水果。只是過於昂貴，大多數倫敦中產階級只有在度假時才有緣品嘗。高登在1769年發明了高登琴酒配方，除了杜松子、芫荽籽、歐白芷、甘草、鳶尾根以外，還加入柳橙皮和檸檬皮。添加了柑橘水果的琴酒更顯奢華貴氣呢！

其他柑橘類水果呢？

雖然檸檬和柳橙是製作琴酒的主要柑橘類水果，但你也很可能會嘗到其他柑橘類：香柑、粉紅葡萄柚、柚子、佛手柑……族繁不及備載，我只能說唯一會限制蒸餾師的是想像力和天賦！

歐白芷（洋當歸）

對於琴酒愛好者來說，琴酒配方最常使用的六種植物當中，以歐白芷和鳶尾根最不為人所熟悉。歐白芷在過去曾被廣泛用於傳統醫藥甚至烹飪當中，現在只有在烈酒世界才有其蹤影。它在琴酒中扮演的角色極為重要，能保留其他植物易於揮發的香氣並與之結合，使琴酒層次更多元，口感也更持久。

歐白芷神聖的起源

歐白芷一詞來自拉丁文的「Angelica」，而Angelica又來自希臘語的「aggelos」，意思是「信使」。相傳是一位修士聽到大天使拉斐爾推薦了這植物對抗瘟疫，因此歐白芷還有許多不同別名字：大天使、天使草或聖靈草。

歐白芷的功效早已受到極大關注。不只能預防傳染病和治療許多日常疾病，例如感冒、循環系統問題、消化系統疾病，甚至能消除疲勞。

歐白芷據說起源於北歐，被維京人當作貨幣。它主要是野生，生長範圍從斯堪地那維亞半島經中歐一直到俄羅斯山區。

花與種子

根部，
因其活性成分而
備受推崇

歐白芷到底是什麼？

歐白芷又稱洋當歸，是一種強韌的草本植物，屬於繖形科，所以與胡蘿蔔、芹菜的關係極為密切，還有琴酒中常見的芫荽籽也是同一家族。歐白芷的根部肥大，支撐著厚實粗壯的莖。莖通常可長到二至三公尺高，葉片長度可達一公尺。

在莖部的末端是排列成傘狀的花序（倒傘狀）。花朵呈白色帶黃綠色。花凋謝後會結奶黃色或淺褐色的橢圓形小果實。

歐白芷的葉子、根和種子可用於植物療法，而蒸餾師主要使用後兩者製作琴酒。

歐白芷生長於何處？

歐白芷根通常乾燥之後才拿去蒸餾。雖然整個歐洲都有這種野生植物，但市售的歐白芷大部分來自法國、保加利亞、德國或匈牙利。

歐白芷根一年四季均可收成，取決於不同需求。例如夏季的歐白芷根含有較多的 β- 茴香萜（β-phellandrene），具有較濃的薄荷和杜松子香氣。

歐白芷有麝香、榛果、木質、潮濕和土根（森林土壤）風味，甘甜之中略顯辛辣乾冽，有點類似蘑菇。許多蒸餾師眼中最甘甜和最受歡迎的歐白芷來自德國的薩克森地區，而比利時佛蘭德斯地區的品種則較為辛辣，因此他們更喜歡前者。

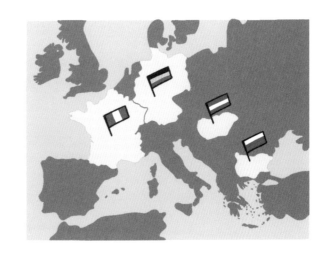

環狀十五內酯的故事

1927 年，為世界上第一家合成香精公司 Haarmann & Reimer 工作的德國研究人員，邁克斯‧凱斯鮑姆（Max Kerschbaum），在歐白芷根精油中首次發現了環狀十五內酯（pentadecanolide）。在此之前都使用麝香作為定香劑，在香水領域中極具價值，而在化學工業興起之前，也只能從動物身上獲取麝香。歐白芷中發現了環狀十五內酯後，大大改變了情勢，自此這種植物經常用於香水行業。

歐白芷的種子

歐白芷的種子顆粒很小，呈深綠色，雖然也可用於製造琴酒，但比較少人這樣使用。因為種子的環狀十五內酯成分沒有根部那麼多，沒辦法達到像根部賦予琴酒更新鮮、更翠綠、略帶甘甜和胡椒味的特點。種子通常只用來為琴酒提點風味，但不具有定香劑的特性。

使用歐白芷的其他烈酒

如果你是一個烈酒愛好者，應該知道菲內特草本開胃酒（Fernet）、廊酒（Bénédictine）和夏翠絲蕁麻酒（Chartreuse）等酒的配方中都有歐白芷。

三位一體的故事

若在英國的琴酒蒸餾廠聽到三位一體（Trinity），千萬不要大驚小怪！事實上指的正是杜松子、芫荽籽和歐白芷。

鳶尾花

鳶尾草根也經常在琴酒當中扮演定香劑的角色。它參與琴酒的製程相當漫長,幾近神祕,需有耐心才能完成優質成品。

具有神話色彩的花

鳶尾花的名字來自希臘的同名女神伊麗絲(Iris)。如果仔細觀察鳶尾花的花瓣,可以看到花瓣的紋理和光澤變化不定、閃閃發亮,呈現虹彩(iris)。而女神伊麗絲是神與人之間的信使,古希臘人相信她穿著彩虹般耀眼的服飾,因此用女神的名字命名。

被誤認為百合的鳶尾花……

對埃及人來說,鳶尾花是神聖之花,而對基督徒來說,則是王室的同義詞。如果我們仔細觀察,就可以發現我們所說的王室百合花看起來並不像百合,其實是鳶尾花!法蘭克王國奠基者克洛維一世在第五世紀的時候採用了黃色鳶尾花作為王室紋章象徵。

十一世紀時的國王路易七世(le roi Louis VII)也選擇鳶尾花作為家徽,並將其命名為「flor de Loys」(路易國王之花)。久而久之,漸漸與「fleur de lys」(百合花)的諧音混淆,而其實王室之花是鳶尾花的事實早就被世人淡忘了。

近代鳶尾花的種植和用途

使用鳶尾花作為香味來源,其歷史可追溯到文藝復興時期的凱薩琳‧麥地奇(Catherine de Médicis)王后時代。當時的人將鳶尾花根莖搗碎、磨成粉狀,過篩後成為帶有紫羅蘭香氣的香粉。也因此鳶尾花的香味通常被形容為「脂粉」味。

香粉能撲在假髮、臉龐和衣服上增加香氣。直到二十世紀初期,香水界的大人物們才開始使用鳶尾花。如今在義大利、摩洛哥、法國和中國都有專業的鳶尾花栽種。

漫長的等待

琴酒形形色色的配方中,鳶尾花的生產獨具特色,因為種植鳶尾花不是為了花朵,而是為了根部!它是一種非常特殊的植物。開花後,將根莖(一般統稱為根)留在土裡長達三年之久。之後挖出來並清洗乾淨,在太陽底下再曬三年。曬乾這段期間,根部開始氧化,其中一種叫做鳶尾酮的芳香氣息會越來越濃郁。整個過程耗時五至八年(取決於蒸餾酒廠的做法),才能獲得珍貴的鳶尾根。

香根鳶尾花與德國鳶尾花超級比一比

坊間所栽種的各個品種鳶尾花中，主要收成這兩個品種的根莖。

香根鳶尾花（*Iris pallida*）原產於義大利，特別是佛羅倫斯地區，因卓越的香氣特性而成為最受追捧的品種。在義大利，鳶尾花通常種植在陡峭的岩石地形，因此無法機械化栽種。種植時間為九月中旬至十月中旬。種植第三年才能收成，在七月中旬至八月中旬進行。

生長在摩洛哥的德國鳶尾花（*Iris germanica*）更健壯，也更容易栽培，但鳶尾酮含量較低，所以香味相對沒有那麼細緻。優點是乾燥時間只需兩年甚至更短（香根鳶尾至少需要三年時間）。

嗅覺之謎！

剛被挖出來的鳶尾花根莖沒有任何氣味。根莖需要多年時間才能緩慢地轉化成獨特氣味的花香味化合物：鳶尾酮。鳶尾花根的各種鳶尾酮中，最受矚目的是 α-鳶尾酮，一向被形容為脂粉味和木質香氣，帶有紫羅蘭和覆盆子的氣息。只不過，品嚐琴酒時，鼻子和味蕾幾乎無法察覺鳶尾酮的存在。大多數蒸餾商使用鳶尾花根莖，是因為它經常具有最靈活的定香劑特性，或與其他植物性香料輕易結合，賦予琴酒幾許土壤深處的大自然氣息。

琴酒裡的其他原料

雖然前面六種原料是琴酒配方中的主要元素，
但還有其他琳琅滿目的植物性香料可以創造出真正獨一無二且讓人驚豔的琴酒配方！
無論是從過去汲取靈感或是向未來取經，蒸餾師們永無休止地重塑消費者對琴酒的印象。

黑胡椒

黑胡椒是能為菜色畫龍點睛的辛香料。發現它能為眾多琴酒增添辛辣風味，更是再合理也不過的事了。

薰衣草

薰衣草以其芬芳馥郁的紫色花苞聞名，香氣調性接近薄荷。但香氣過於濃烈，因此只能少量用於琴酒，通常是為了平衡胡椒或柑橘香味。

甘草或八角

甘草根與八角不同，但屬於同一家族，都能賦予琴酒深層的木質和土壤氣息。

茶葉

根據茶葉類型，賦予琴酒的風味也大不相同，但一般是帶有輕微泥土味和討喜的辛香澀味。

肉豆蔻

肉豆蔻樹原產於印尼，在亞洲和中美洲均大量種植。橢圓形和圓形的淺棕色種子經研磨後，會散發溫暖、芳香和甜美的香料氣息。

小豆蔻

小豆蔻來自一種生長在印度西南部馬拉巴爾地區的植物，剖開後有許多黑色小種子。小豆蔻有綠色和黑色兩個品種，綠色是琴酒最常使用的品種，因為香味較細緻，能賦予辛香與檸檬氣息。

植物性香料的分類

柑橘和水果	甜味或鹹味香料	草本／花香植物	特殊分類
香柑、日本香橙、新鮮柑橘、葡萄柚、萊姆、鵝莓、接骨木、醋栗、大黃。	穗菝葜、小豆蔻、黑胡椒、薑、孜然、葛縷子、菊苣、波布拉諾辣椒。	月桂、香桃木、鼠尾草、玫瑰、茶葉、薄荷、洋甘菊、薰衣草、迷迭香、馬蜂橙葉、紫蘇、蒲公英、尤加利葉、繡線菊。	海藻，牡蠣殼。

成分過多的琴酒？

使用很多植物性香料並不一定能創造出更多風味。因此，最好要小心那些聲稱使用了一堆令人眼花撩亂的植物性香料的琴酒。就像用太多不同顏色的油漆，最後形成一團黑的道理是一樣的。過多的原料往往會製造出沒有什麼特色的大雜燴。

在地琴酒？

這種來自於美食圈的趨勢正日益在琴酒界引領風潮。越來越多的琴酒蒸餾廠開始使用在地的植物製作琴酒，而不再千里迢迢從地球另一端進口！

琴酒也越來越與風土息息相關！

就像數世紀以來的葡萄酒或是近來的威士忌一樣，琴酒酒廠也開始對風土產生興趣並積極堅持這項理念。尤其植物性香料的風味完全取決於收成地，因而不少人希望使用在地植物製造琴酒，讓人一喝就立即聯想到產地。

能增加視覺美感的原料！

有些酒廠挑選的原料不是根據植物的芳香特性，而是為了視覺效果！例如蝶豆花讓琴酒呈現明亮的紫色……還有其他人會用漿果來讓色澤更深沉。另外，有些琴酒品牌也會玩不同原料，讓琴酒與檸檬汁或通寧水接觸時，瞬間變色，使人驚呼連連。

價格不菲的香料

琴酒配方中的某些香料相當昂貴，而且貴到不行……例如每公斤三萬歐元。這是番紅花一公斤的價格，加百列布迪耶琴酒（Gabriel Boudier）中就有這個原料。香草也是一種琴酒香料，而且必須口袋夠深才能用：根據香草莢的年份，每公斤的價格可以高達 450 歐元。奧斯利琴酒（Oxley）即含有香草。

日本六琴酒 Roku

　　日本巨頭三得利公司無人不知，其享譽全球的威士忌無人不曉，其最新的得意作品卻是這支名為「六」的琴酒。這款琴酒有很多不得不講究的製造細節，得在知名的日本大阪「烈酒工房（Liquor Atelier）」製作，而非專門以手工生產三得利旗下最出類拔萃的威士忌與利口酒的山崎酒廠。三得利製造琴酒的歷史非常悠久，可以追溯到1936年，當時所生產的琴酒是

「Hermes」。Roku 在日語中是六的意思，並具有「旬」的概念，亦即在最合宜的季節，待食物的風味達到最完美的時候，享用時令食物和飲料的傳統。每瓶六琴酒都含有六種日本當地經典的植物。而每一種植物都在時令季節和日本最佳產區採收，如此才能維持新鮮和最佳風味。

　　六種日本植物再加上八種傳統的琴酒植物：杜松子、芫荽籽、歐白芷根、歐白芷籽、

小豆蔻、肉桂、苦橙皮和檸檬皮，並採用獨特的蒸餾工序，以不同溫度分開蒸餾，使每一種植物都發揮出最佳效果。嬌弱的櫻花則必須以不鏽鋼真空蒸餾器低溫蒸餾，相較更有韌性的植物通常使用銅製蒸餾器。

杜松子酒的蒸餾過程

製造杜松子酒有幾個相當特殊的步驟。

杜松子酒：不是琴酒也不是威士忌

琴酒是由中性烈酒為基礎加上許多植物性香料混合而成，其中主要成分是杜松子。

杜松子酒的基本原料則完全不同。將風味特徵類似淡味威士忌的麥芽酒（裸麥、玉米和小麥的蒸餾物）與中性烈酒以及多種植物性香料混合物融合之後，就能創造出一種介於琴酒和威士忌之間的杜松子酒。

一酒兩地的製程

傳統的杜松子酒有幾個工序，分別在兩個地方進行：

• 發麥的過程在一個叫做「branderij」的地方進行。這個荷蘭詞語很道地，法文沒有對應字。
• 麥芽酒液接著送到「distilleerderij」，也就是蒸餾廠，與杜松子和其他植物一起重複蒸餾，即成為杜松子酒。

非中性的酒精

與僅使用中性酒精為蒸餾基底的琴酒不同，杜松子酒以穀物酒為主。

麥芽酒液配方（grain bill）需要以下穀物（杜松子酒所使用的基本穀物）：

裸麥

帶有強烈而粗獷的風味。

大麥麥芽

不可或缺的原料，因為它含有裸麥和玉米澱粉發酵過程中不可少的酶。

玉米

讓裸麥賦予的粗獷更柔和，所以如果只使用玉米的話，做出來的酒會缺乏個性。讓杜松子酒愛好者趨之若鶩的正是獨特的風味。

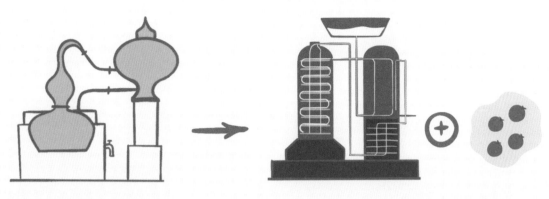

在壺型蒸餾器中第一次和第二次
蒸餾。

加入杜松子後在柱式蒸餾器中第三次蒸餾。

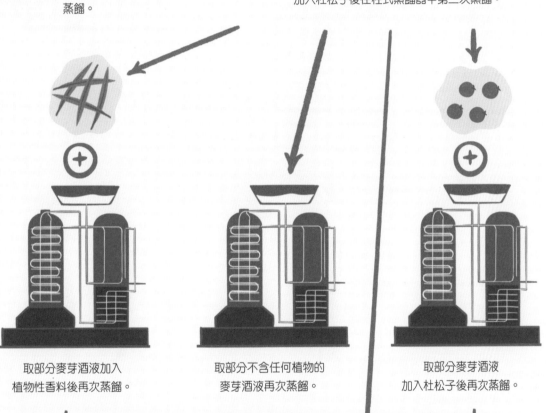

取部分麥芽酒液加入
植物性香料後再次蒸餾。

取部分不含任何植物的
麥芽酒液再次蒸餾。

取部分麥芽酒液
加入杜松子後再次蒸餾。

幾款入門杜松子酒

• 荷蘭人（By The Dutch Old Genever）

• 波士（Bols Oude Jenever）

• Vørding's 杜松子酒

將四種蒸餾液
根據不同生產商的配方比例混合。

琴酒製造步驟

琴酒到底是如何製造出來的？與其他必須嚴格遵循特定過程的烈酒不同，做琴酒有幾個不同的工序。

混合基本原料

為了製作發酵用的酒液基本配方，酒廠將乾燥和調製過的穀物，如玉米片和小麥麥芽，與水和酵母混合。接著加熱並攪拌混合物（有時稱為「琴酒麥汁」），並確保充分攪拌均勻，為發酵做好萬全準備。

基本配方進行發酵

酒廠接著將這些基本原料混合物放置一段時間（通常在一到兩週之間）充分發酵。在這個階段，混合物中的化合物開始分解並產生成分單一的天然酒精，也就是「乙醇」。

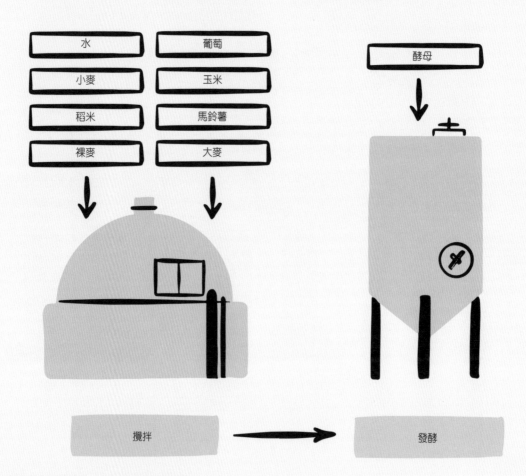

蒸餾（非必要，視不同配方而定）

蒸餾是一種淨化液體的加工，煮沸液體時產生氣體並使其重新冷凝成液體後收集而成。每個酒廠都有各自的蒸餾法：有些只蒸餾一次或兩次，而有些則要重複好幾次才滿意。蒸餾時還會在不同階段添加植物性香料。有些是在蒸餾前或兩次蒸餾之間將植物浸泡在乙醇中，另外則是在進行蒸餾的同時加入植物，這時就需要特殊的蒸餾器。還有酒廠根本就不蒸餾！

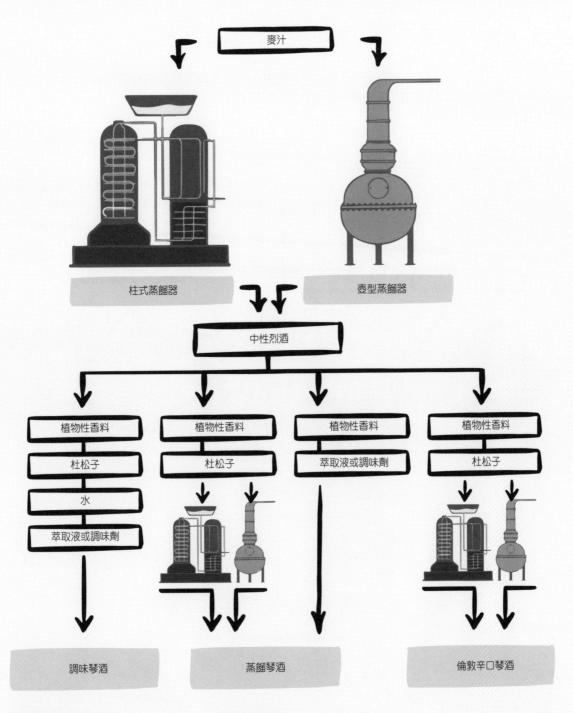

麥汁

柱式蒸餾器

壺型蒸餾器

中性烈酒

植物性香料 | 植物性香料 | 植物性香料 | 植物性香料

杜松子 | 杜松子 | 萃取液或調味劑 | 杜松子

水

萃取液或調味劑

調味琴酒

蒸餾琴酒

倫敦辛口琴酒

過濾混合物

　　一旦發酵完成，酒廠就會進行過濾。發酵後的固體渣滓已無英雄用武之地，只使用過濾後的液體（乙醇和水）製作琴酒。

稀釋和裝瓶

　　一旦蒸餾師取得滿意的蒸餾酒液，他們就會測試酒精濃度，並循序漸進地加水，將琴酒稀釋到所需的酒精濃度。在這個階段，有些蒸餾廠會添加調味劑或糖製成黑刺李琴酒、粉紅琴酒或大黃琴酒等這類的產品。

浸泡與再餾法

植物性香料是一開始必要的原料，但是萃取的方式能徹底改變琴酒的香氣特徵。
正因為如此，通常有三種不同的萃取方式。第一種稱為「浸泡與再餾（Steep and Boil）」。

浸泡後再蒸餾

全世界 90% 以上的琴酒使用浸泡與再餾法製成。其原理非常簡單：將植物原料放在蒸餾器中浸漬一段時間後，加熱蒸餾器以蒸餾內容物，如此可萃取更多香味。

直接萃取

什麼是直接萃取？就是在浸漬過程中，讓植物性香料與中性烈酒直接接觸。萃取出的香味多寡取決於植物在中性烈酒中浸漬的時間。有些蒸餾師只讓植物浸漬幾分鐘，而有些則放置 24 小時以上。每個人都有自己的獨門配方……

為了提高萃取率

一些酒廠絞盡腦汁，使用熱量、壓力和動能提高萃取率。因此他們會使用能轉動的大桶子浸漬。

萃取時間各自相異

萃取是一門科學。如果某些原料浸泡時間過長，可能會出現不討喜的物質。就像茶葉泡五分鐘以上會變苦澀是一樣的道理。有些原料可以放置幾天甚至幾週都沒問題。

萃取時會把原料弄碎？

通常浸泡是直接將植物性香料放入酒精中，直到香氣萃取出來，也就是所謂的直接萃取。但有些酒廠會把植物性香料磨碎、輾壓或切開後再浸泡，這樣才能擁有最大接觸面積，萃取更多香氣。

萃取，就是一種烹飪

　　浸泡與再餾法能非常有效地取得最多的香氣，但是相對地，會把植物煮熟。尤其植物性香料接觸到滾燙的蒸餾器內壁時，容易燒焦。雖然這也是種昇華香氣的方式，但對於某些植物來說，會完全改變香氣。

變奏版：分開浸泡蒸餾

　　這個浸泡與再餾法的變奏版在琴酒生產上已然形成趨勢。整個過程中，每一種植物都是分開浸泡後再蒸餾，然後將所有蒸餾後的液體混合成琴酒。這工法越來越受歡迎，因為可以更細緻藉由了解每一種成分，精確掌握風味。分開浸泡蒸餾植物性香料能讓琴酒的風味和香氣更具個性，同時更能控制最後的品質。

　　舉例來說，杜松子的浸泡時間可以很久，而慢慢蒸餾也才能釋放所有香氣。但是不少植物性香料，例如八角的浸泡和蒸餾時間必須短。這種工法倒有反對者，他們批評這作法沒有將琴酒原料充分混合，而根據他們的說法，香味的堆疊才會帶來深度和複雜的層次口感。

茶葉現身說法

　　大家都知道茶葉不能長時間浸泡。一般來說，茶葉越完整，香氣溶出的速度就越慢；切成碎片的茶葉釋放香氣的時間就很快。然而茶葉香氣無法持久。如果茶葉一直浸泡著，香氣和味道會變淡，而且會變苦澀，因為茶葉中的咖啡因和單寧酸比多酚和氨基酸溶出得更慢。

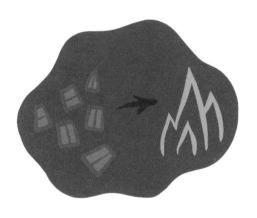

蒸氣萃取法

萃取植物香氣的過程既令人著迷又錯綜複雜，但是有時浸泡與再餾法並不盡如人意，
尤其是使用脆弱或揮發性原料時，蒸氣萃取法（Vapour Infusion）就派上用場了！

如何以蒸氣萃取？

這種工法並非把植物性香料浸泡在中性烈酒中（如前一種方法），而是放在蒸餾器內位於酒精上方的容器裡。蒸餾器加熱之後，酒精蒸氣徐徐上升，通過植物性香料時萃取出香氣，然後送到冷凝器冷卻，再次變成液體。這個容器可能是可以掛在蒸餾器內部的專用塑膠網袋，不至於接觸液體；或是一個裝滿草藥的金屬籃子，用一根金屬管與蒸餾器的熱鍋相連。

風味和差異

蒸氣萃取的風味與採用浸泡方式的琴酒有所不同。首先，因為溫度較低，所以植物不會被「煮熟」，也不會直接接觸銅製蒸餾器的內壁。蒸餾師還可以利用籃子將植物按特定順序分層放置，如此即能對琴酒的最終風味發揮出色的作用！

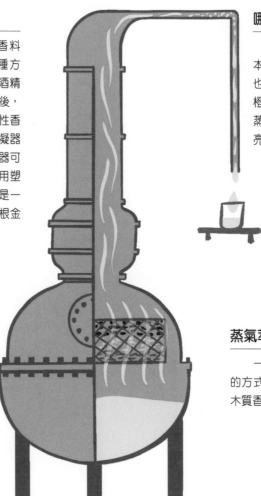

哪些原料適合蒸氣萃取？

主要是新鮮的原料，如草本植物（鼠尾草、薄荷等），也包括柑橘類水果（檸檬、柳橙、香柑等）。這些原料透過蒸氣萃取能獲得更強烈和更明亮的風味。

蒸氣萃取的反對意見

一些琴酒愛好者批評蒸氣萃取的方式輕柔，反而無法展現辛辣或木質香氣。

綜合萃取法

浸泡與再餾法與蒸氣萃取法可以同時進行。浸漬一部分植物，另一部分則放在蒸餾器上方用蒸氣萃取。亨利爵士琴酒（Hendrick's Gin）就是利用這種工序的著名例子。它使用兩個分開的蒸餾器（一個用來浸泡植物24小時後蒸餾，另一個以蒸氣萃取不同的植物），然後再將蒸餾物混合在一起進行最後的調和程序。

水的角色

談到烈酒的時候，經常會忘記水的存在，但水其實是製造烈酒的主要元素……
當然也是你手上那瓶琴酒裡的主要元素。琴酒若標示酒精濃度為 40%，就代表剩下的 60% 由水組成。
這就是為什麼應該要好好聊聊水的原因，即使我們拔開琴酒瓶塞時首先要找的並不是水！

這需要水，大量的水！

根據統計，製作一公升琴酒，需要一百公升的水！從一開始清洗植物性香料，到冷凝蒸餾器都需要水，還要加水讓琴酒的酒精濃度稀釋到適當的裝瓶標準，水無疑是製造琴酒的關鍵因素！

水，不容小覷！

多數琴酒蒸餾廠在加水混合前，喜歡先把水過濾一遍，以避免水中物質與植物分子發生反應而讓味道變了。有些國家（包括英國）甚至規定水必須過濾才能做烈酒。他們通常使用逆滲透系統過濾水質，有效去除任何不該屬於水的物質。過濾後水質會非常純粹，但也無味。酒廠過濾水的另一個原因是為了視覺好看。如果所使用的水殘留礦物質，久而久之，礦物質會逐漸沉澱，在琴酒瓶底留下一層細小的白色物質，也會讓消費者卻步。

黑森林的泉水

這種水以含微量鹽分和礦物質為特點。德國的猴子 47 琴酒（Monkey 47）處理黑森林泉水的方式與大多數蒸餾廠不同，只採用最低程度的必要工序，也就是濾芯，以避免喪失太多水的基本風味。

重新審視製造琴酒時的用水問題

面對重新思考消費模式以杜絕浪費資源的呼籲，造酒業這個用水大戶經常被千夫所指，因為該行業對於水的需求量很大。

為了解決這問題，越來越多酒廠有許多創舉，有人大量植樹以減少水土流失，並將水引回靠近蒸餾廠的源頭。也有其他人從根本找出浪費根源，以達到省少 50% 的目標。

真空蒸餾法

真空蒸餾法（Vacuum Distillation）是相對現代的工法。第一瓶採真空蒸餾生產的琴酒在 2009 年才問世。

真空蒸餾如何進行？

真空蒸餾一開始的步驟與浸泡與再餾法相同，在蒸餾器當中加入中性烈酒和植物性香料。但是接下來不需要加熱蒸餾器，只要降低壓力（使用專門的蒸餾器）就好。這樣能以更低的溫度蒸餾，酒精甚至在 0℃以下也能蒸發。

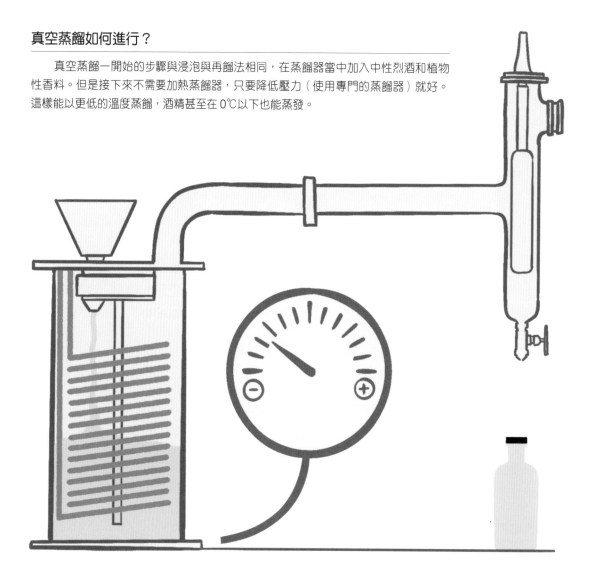

真空蒸餾技術的優點

真空蒸餾法非常受到蒸餾師青睞，因為這種技術可以處理新鮮的植物性香料，不會有高溫接觸而變質的風險。一般來說，想在植物性香料某個特定階段萃取出香氣時，就會採用真空蒸餾法。熱氣可以改變萃取的芳香分子，但真空蒸餾法可以在萃取所需的香氣時不引起任何化學反應。

哪些原料適合真空蒸餾法？

黃瓜、金銀花和無花果……另外你絕對不會相信，有一個琴酒品牌竟然用「優格」！本來以高溫蒸餾優格幾乎是不可能的任務，因為牛奶會凝固啊！

一次製成與多倍製成

你現在知道如何蒸餾琴酒了嗎？那麼是時候談談各家琴酒猶如獨配方一樣神祕的
「多倍製成（Multi Shot）」了，我相信很少蒸餾師承認使用這技術。

兩者的差異

　　「一次製成（One Shot）」的琴酒指的是添加的中性烈酒和植物性香料比例均衡一致，因此裝瓶前只需要加水就大功告成。

　　「多倍製成」算是一種「濃縮」的琴酒，也就是刻意增加植物性香料的量，因此在蒸餾後必須添加中性烈酒和水，才能達到適飲的程度。

為什麼要「多倍製成」？

　　很少有酒廠願意談論這個問題，其實主要只是為了省錢！只要讓蒸餾器運作一次，就能製造更多琴酒，產量不只翻倍，甚至可達 25 倍！

口感如何？

　　關於這個問題的科學文獻非常少，但大家公認的一點是：「多倍製成」係數越高，琴酒濃稠度跟濃度就越高！

不同類型的蒸餾器

雖然不用蒸餾器也能做出琴酒，但製造倫敦琴酒或蒸餾琴酒時，仍然必須使用。
讓我們細數一下在蒸餾廠中的幾款主要蒸餾器類型：

關於外形

蒸餾器的形狀和高度對琴酒的風味具有重要影響：
- 較重的油脂在較短和較胖的蒸餾器中會迅速上升，讓琴酒更甘甜。
- 較高的蒸餾器通常會使琴酒更純淨。

植物性香料在蒸餾器中的位置

植物性香料放置的位置不同（鬆散地放在蒸餾器中、放在多孔網袋中，或是放在酒精之上的籃子裡），蒸餾出的琴酒風味也會有差異。

進行真空蒸餾時，植物籃可以放在冷凝器之前的任何地方，唯一需要注意的是，籃子的設計最好能讓蒸氣接觸到所有藥材。

壺型蒸餾器

這是一種從底部加熱的銅製蒸餾器，有各式各樣的尺寸。植物性香料與中性烈酒可以一起放入蒸餾器，這個過程稱為「直接萃取」（參考第 56 頁）。同時將植物性香料懸掛在酒精上方的籃子裡，讓酒精蒸氣通過，藉此收集精油和香氣。有時候在同一個蒸餾器裡可以同時使用兩種技術。

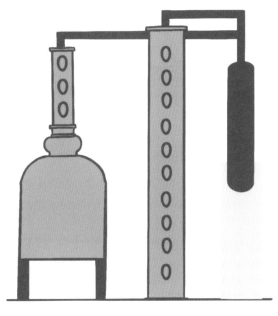

柱式蒸餾器

　　專門精餾酒精的蒸餾器,用以增加酒精濃度。柱狀蒸餾器窄長而高,配備一層又一層的蒸餾板,水和酒精在每一層蒸發時都會被再度分開。酒廠通常使用柱式蒸餾器以製造符合規定的基礎中性烈酒。

混合式蒸餾器

　　這種類型的蒸餾器結合了壺式蒸餾器和柱式蒸餾器的功能,能將植物性香料直接放入蒸餾器的柱子部分,蒸餾出酒精濃度較低的烈酒。

旋轉蒸餾儀

　　極小型的蒸餾器,原先僅製藥業的研究人員使用。近年來,在調酒師和烈酒製造上越來越炙手可熱,但當然規模仍小。旋轉蒸餾儀(Rotovap)以真空蒸餾:降低內部的氣壓,以較低的溫度蒸餾。

多種蒸餾器的結合

　　有些酒廠使用好幾種類型的蒸餾器,例如亨利爵士琴酒。他們其中一種使用倫敦鍋爐工在 1860 年製造的班奈特蒸餾器(Bennett Still),可生產特色粗獷而風味十足的琴酒。另一種是馬車頭蒸餾器(Carter-Head),蒸餾出的琴酒細緻甘美。最後將兩種琴酒結合成目前市售的成品!

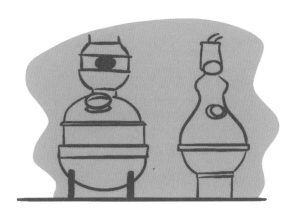

篩選酒心

植物性香料和中性烈酒都已在蒸餾器中了，萬事俱全！只待蒸餾魔法發威。
不過，定下琴酒的香氣特徵還需要一個關鍵步驟：篩選酒心。

篩選酒心是什麼意思？

蒸餾烈酒的過程中，蒸餾液的某些部分會被保留，其他則棄之不用。蒸餾時會分離出酒頭、酒心和酒尾，這三者會依序在蒸餾器中凝結。酒心會被蒸餾師保留並進行陳化，或者直接裝瓶。蒸餾師耗時數年不斷提升篩選酒心的技術，以期盡可能提高產量、獲得心目中理想風味。如果捨棄太多蒸餾物，會讓酒廠成本增加，而捨棄太少的話，又會在琴酒中留下不討喜的化合物，所以必須在這兩者之間達到平衡。

篩選酒心如何進行？

一旦蒸餾師確定他希望賦予琴酒的風味特色後，並不需要在篩選酒心的過程中時時刻刻品嘗酒液確認。他只要直接在蒸餾器的出口處測量酒精的百分比就萬無一失。一旦酒精濃度下降，就表示酒心已分離完成。

「蒸餾師嚴選」限量版本

「蒸餾師嚴選（Distller's Cut）」的限量版已經不算多特別。如此命名只是為了說明蒸餾師跳脫品牌風格而求新求變，但指的是篩選酒心這步驟。這些限量版往往令琴酒狂愛不釋手！

廢物利用

酒頭跟酒尾是蒸餾過程中產生的廢棄物，但是可以重複利用，特別是跟下一批次（batch）的琴酒一起蒸餾。一些蒸餾廠會用來製作抗病毒的消毒劑。

沒頭沒尾（其實有頭有尾）的過程

篩選酒心過程中的酒頭、酒心和酒尾究竟是什麼？

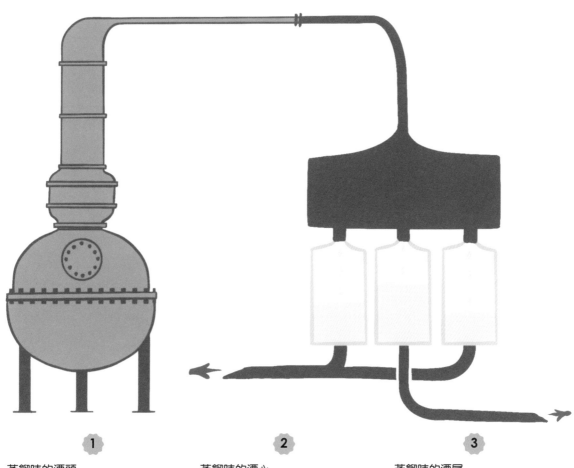

1 蒸餾時的酒頭

蒸餾過程中，液體受熱變成蒸氣，並移往冷凝器冷卻再次變成液體。加熱過程中，最先從蒸餾器釋放出來的是低沸點化合物，被稱為「酒頭」，含有甲醇和乙醛，充滿刺鼻的化學味。這也是蒸餾大師千方百計盡可能擺脫的物質，所以才需要篩選酒心。

2 蒸餾時的酒心

接下來，蒸餾師定下琴酒風味（可能是某種特定的香氣或甘甜味），然後在蒸餾過程的中段篩選出飽含香味的酒心。所以蒸餾師的專業其實是能辨別並只收集所需的酒心。

3 蒸餾時的酒尾

蒸餾過程來到最後，也就是香氣和風味變得苦澀或聞起來化學味太重的時候，蒸餾師會做最後的篩選動作，分離出「酒尾」。酒尾的酒精含量較低，並含有不討喜的硫酸鹽和脂肪酸，口感沉重而油膩。酒尾與酒頭一樣在分離後會重新蒸餾或丟棄。如果蒸餾過程中篩選出酒心的時間過早，那麼琴酒可能摻有淡淡的檸檬味。反之若太晚篩出，琴酒的泥土味就會特別重。

裝瓶乾坤

琴酒已經差不多製造完成，只剩最後一個工序：裝瓶。

酒精濃度的問題

歐洲強制規定如果酒精濃度低於 37.5%，就不能以琴酒的名義販售。但如果你注意一下酒標，許多琴酒裝瓶時的酒精濃度各不相同：38%、39%、43%、47% 不等。

為什麼會有這些差異？首先涉及到的是錢。蒸餾完成時，琴酒的酒精濃度約為 70%。也就是說，同樣一批蒸餾液，如果酒廠以 37.5% 的酒精濃度裝瓶，就可以有幾乎兩倍的產量。

如何稀釋烈酒？

為了稀釋酒精濃度，當然必須加水。但可不是隨意添加就好！當水與酒精混合時，水分子包圍乙醇分子，然後將乙醇溶解。兩個元素合為一體，液體中的酒精濃度就會減少。

稀釋是根據密度的數學公式進行。但這還不算複雜，還有環境溫度也必須計算在內，因為溫度會影響操作。

另外，時間也是重要的考量：必須緩慢地把水加進乙醇當中，以免破壞分子。如果急著加水會使酒精混濁而走味，這種化學反應稱為「皂化反應」，顧名思義，就是會讓酒液產生肥皂般的味道。那麼稀釋需要多少時間？其實取決於蒸餾廠的判斷，有些在 24 小時內完成，而有些則需要 4 到 5 天。

「多倍製成」的琴酒稀釋狀況

如前所述，一些酒廠使用「多倍製成」濃縮風味，蒸餾一次就能生產更多的琴酒。 對他們來說，更不只是加水那麼簡單，還要以適當的比例加入中性烈酒。而後來添加的這些酒液的品質，必須與原先所使用的烈酒不相上下。

裝瓶時的最佳酒精濃度？

其實沒有什麼準則。一般來說，最佳酒精濃度是由蒸餾師經由多次測試後定案，而且完全符合其獨門配方。另外還需要考量「同屬物」[註]含量較高的琴酒，需要以較高的酒精濃度裝瓶，以避免所謂的「混濁作用」，讓酒變濁了。

某些琴酒會刻意以較高的酒精濃度裝瓶，以保留香氣風味。如果琴酒稀釋太多，表面張力會提高，因而無法釋放太多風味。更不用說有些琴酒原本會用來調酒，因此裝瓶時的酒精濃度設定較高時，即使調酒過程中經過稀釋仍能保有香氣。

越來越炫麗的精美包裝

裝瓶也是讓琴酒盛「裝」打扮展現的機會，與未來消費者第一次接觸時能否能留下好印象，全靠這一刻。而烈酒界的生產商最不缺創意，總是能找到更漂亮、醒目的包裝。

手工裝瓶 VS 生產線裝瓶

微型蒸餾廠以手工方式裝瓶的情況比比皆是，但不要以為每年生產超過四千萬瓶酒的蒸餾廠也可以比照辦理⋯⋯

在家試試的趣味小實驗

分享一個小實驗，可以試試不同酒精濃度的酒在口感上的變化：將酒精濃度超過 45% 的琴酒倒入杯中先嘗味道。然後倒入一點水，看看琴酒在鼻子和口中的變化，並以此類推比較下去。

註：「同屬物」是指在發酵過程中所產生的酒精（乙醇）以外的副產品，也是酒液大部分的味道和香氣來源。

參觀蒸餾廠

參觀琴酒蒸餾廠是一生必去的冒險。但您很可能會因而食髓知味，不斷想著再次到訪……

蒸餾廠能參觀嗎？

即使大多數蒸餾廠開放參觀，但有些酒廠仍然是不對外開放的生產基地，只有在那裡工作的人才能得其門而入。

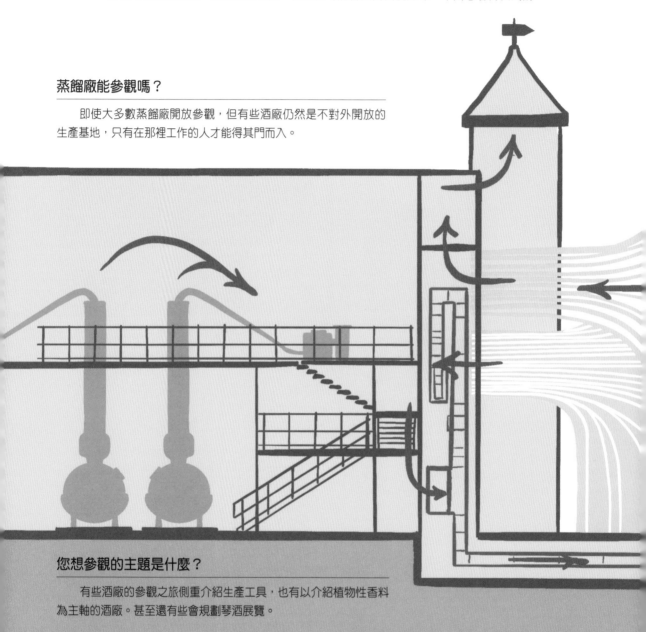

您想參觀的主題是什麼？

有些酒廠的參觀之旅側重介紹生產工具，也有以介紹植物性香料為主軸的酒廠。甚至還有些會規劃琴酒展覽。

事先規劃路線

地圖上的所有酒廠看起來好像彼此相鄰，但細看的話就會發現，從一個酒廠開車到另一個酒廠，可能需要一個多小時。所以最好提前計畫你的旅行。

事先找好代駕

雖然現在市中心的微型酒廠如雨後春筍般蓬勃，但仍有許多蒸餾廠位於市郊，通常需要開車才能抵達，更何況在蒸餾廠品酒也是司空見慣的事。

避開觀光氣息太重的酒廠

要參觀哪種酒廠視個人喜好而定,但有時候不妨避開太大的酒廠,因為你很快就會覺得像在參觀博物館。通常在小酒廠裡比較容易與愛好者分享對琴酒的熱情。

在行李箱裡塞幾瓶琴酒帶回家

每次參觀酒廠前必須攤開來談的話題:一個人可以帶多少瓶酒回國?在蒸餾廠購買琴酒確實是個好主意,可以找到限量版或更容易入手的價格。

無論你是否從歐盟國家帶回法國,每人都可以攜帶一公升酒精濃度 22% 以上的烈酒＊。要當心有些國家的店家向你保證可以帶更多瓶,那是他們自己國家的規定,而不是歐盟⋯⋯一旦你抵達歐盟境內,很可能就會被海關沒收。

＊台灣海關規定,年滿二十歲的入境旅客可攜帶酒類一公升。若超過免稅限制卻未申報者,海關有權力將超過的數量沒收,並且每公升處兩千元罰鍰。

別錯過免稅店

如果你不想在酒廠之間奔波,別忘了還有免稅店。當然價格不一定最親民,但可以買到專門為機場免稅店設計的限量版!

值得到此一遊的蒸餾廠
- 龐貝藍鑽（Bombay Sapphire）
- 猴子 47（Monkey 47,只開放星期六參觀）
- 希普史密斯（Sipsmith）
- 倫敦城蒸餾廠（City of London Distillery）
- 英人牌（Beefeater）

獨具原創性的琴酒

琴酒自十七世紀以藥用身分誕生以來，不斷推陳出新，有時還會添加令人意想不到的創新原料。

全世界最貴的琴酒：莫魯斯果醬罐琴酒 LXIV（Jam Jar Gin Morus LXIV）

以古老桑樹葉子蒸餾而成的英國琴酒，製程耗時兩年多，每瓶容量 700 毫升的酒要價近五千歐元。但為了匹配這個天價，以手工製作的細白瓷罐裝瓶，並配有成套的品酒馬鐙杯，與細緻的手工壓花皮革套。

猴麵包樹製的德國琴酒：大象琴酒（Elephant Gin）

大象琴酒的靈感來自非洲大陸，希望能為拯救非洲大象盡己之力，因此選用大象酷愛的猴麵包樹果實製作琴酒。配方中還添加了其他非洲草本植物，例如俗稱獅子尾的益母草和魔鬼爪。全程在德國製造。

布丁風味琴酒：薩科里德聖誕布丁琴酒（Sacred Christmas Pudding Gin）

總部設在倫敦海格區的薩科里德琴酒（Sacred Gin）是一家微型蒸餾廠，以真空蒸餾生產烈酒，產品琳瑯滿目，從經典款到古怪款應有盡有。「聖誕布丁琴酒」是將八公斤重的聖誕布丁在英國穀物酒中浸泡兩個月，然後再次蒸餾而成。口感甜美，香料風味十足。

雞胸肉風味琴酒：波特貝羅路雞胸肉琴酒（Portobello Road Pechuga Gin）

極具實驗性的「蒸餾師嚴選」系列（繼蘆筍風味琴酒和煙燻琴酒之後），雞胸肉版本採用了最受墨西哥梅茲卡爾酒（Mezcal）酒廠青睞的製法，也就是把火雞胸肉懸掛在蒸餾器內，利用蒸氣萃取火雞肉的風味，賦予琴酒的特殊芳香。

以鮮奶油為基底的琴酒：鮮奶油琴酒（**Cream Gin**）

　　這款琴酒的靈感來自古老配方，但採用最新的製酒工法，將新鮮的冷蒸餾奶油當作原料為琴酒增添風味。鮮奶油琴酒是「崇拜街呼嘯（Worship Street Whistling）」酒吧特製調酒的主要成分。店家的招牌調酒是：黑貓馬丁尼（Black Cat's Martini）。

浸泡過牛肉的琴酒：屠夫琴酒（**Butcher's Gin**）

　　用肉類浸泡琴酒？這是一個比利時屠夫想出來的點子，他有一天突發奇想，發現他醃漬牛肉的祕方與琴酒中使用的混合物並無二致，索性在混合物塞入一些牛肉乾。

大麻風味琴酒：安貝里（**Ambary**）

　　安貝里烈酒公司（Ambary Spirits）利用2018年放寬大麻的良機（1928年在英國被禁止），製造了浸泡大麻的琴酒！以琴酒、檸檬皮、粉紅胡椒和杜松子為基本原料，並加入植物浸泡，具有泥土和草本風味。

螞蟻風味琴酒：螞蟻琴酒（**Anty Gin**）

　　全世界第一瓶用昆蟲製成的琴酒。「螞蟻琴酒」要價200英鎊，顧名思義是一種由螞蟻製成的琴酒。每瓶琴酒含有大約62隻紅褐林蟻的萃取液，當然還有杜松子、蕁麻等植物。

品飲琴酒大哉問

即使琴酒無色透明，花時間好好品酒也絕非多此一舉。只要把握幾個步驟和訣竅，就能開開心心地盡享杯底乾坤。品酒能讓你對這種烈酒更瞭如指掌，更知道如何形容口感，進而對其他琴酒躍躍欲試。請拿好手上的酒杯，準備來一趟感官之旅了嗎？

品飲琴酒的竅門

剛入手一瓶琴酒嗎？不必急著馬上打開瓶蓋暢飲。

蒸餾師的作品可與藝術家的畫作相提並論，我們不見得能一眼看出所有細節與巧妙。

但只要掌握訣竅，就能輕鬆剖析你心愛的酒款。

品酒大忌一覽表：

1 操之過急

品酒時應該要保持輕鬆愉快。因此，急驚風是第一個大忌。品酒前，先預留充足的時間，並確保不會被手機訊息或孩子打擾。

2 人云亦云

品飲與享用琴酒時，會有一些極個人的感受。其他人可能會說好喝或難喝，或者強調品嘗得到什麼味道，要注意別被他們左右了想法。讓你自己的感官引導你。

3 遇到豬隊友

品酒會是互相交流和分享的交誼時刻。無論是號召家人、朋友還是同事，都要慎選酒伴。請避開那些聒噪的大嘴巴、自以為無所不知的好為人師者，以及任何可能會讓品酒會冗長和枯燥無聊的人。

4 選錯地點

沒有什麼比在不合適的地點舉辦品酒會還糟糕的了。其實不必力求完美場所，只需要一個乾淨衛生、無異味、沒有吵雜音樂的地點，確保每個人都能自在舒服即可。還有，需要站一個多小時的品酒會，對大家來說都不會太愉快……

5 品酒順序錯誤

如果先從酒精濃度 55% 的琴酒開始，再喝酒精濃度 39% 的酒款，就不要指望能感受到更細緻的風味。切記要從酒精濃度最低的喝起，循序喝到酒精濃度最高的琴酒。不妨悉心安排主題：同個酒廠或同個國家的琴酒等。自由發揮想像力吧！

6 無水可喝

兩杯酒之間的空檔喝點水，讓味蕾歸零。務必選擇味道中性的水，例如很受品酒者歡迎的富維克礦泉水。如果選擇自來水，記得在飲用前先讓它沉澱一個小時，讓氯氣揮發掉。

7 空腹飲酒

琴酒的酒精濃度超過 37.5%，喝完第三杯後，你很可能會後悔沒有在品酒前吃點東西墊墊肚子。更何況品酒通常能激發食欲，因此請手邊請準備一些與琴酒相搭的小點心。

8 誤信緩解宿醉的偏方

即使寫這本書的我在第 98 頁也傳授了緩解宿醉的方法，但就是不要輕易認為可以盡情地猛灌酒。飲酒適量才是不二良方。

來瓶神祕嘉賓

如果你有機會（口袋也夠深），不妨準備一瓶特殊的琴酒為品酒會畫下圓滿句點。酒款可以是限量珍藏版，或者來自一般人較少鑽研的國家。記得先把這瓶神祕嘉賓的身世典故調查清楚，才能向賓客說出動人美妙的故事。相信這個精心安排會讓所有品酒會的賓客難忘。

準備一瓶指標性琴酒

要判斷自己的精神是否處於最佳品酒狀態，最好的方法是找一瓶琴酒當作參考基準。一開始先以這瓶酒揭開序幕，如果喝起來味道一如既往，就可以繼續品酒。反之，最好喊停，不然至少不去在意接下來的品酒感想。

記或不記？大不易！

許多品酒新手不怎麼花心思寫品酒筆記。對於那些相信自己記憶的人來說，寫筆記顯然耗時，而且毫無用處。然而，品酒筆記可以讓你定期複習，看看品味是不是有所改變，在下一次品酒會時更能樂在其中。

洞悉品酒

品酒的奧義遠大於單純飲酒。無色烈酒由於沒有陳釀，往往被認為上不了檯面而不足以深入鑽研，
但品嘗無色烈酒其實是一門真正的藝術，幾乎要使用全部的感官。
也因此，你的品酒心得一定與同桌酒伴迥然不同。
難怪琴酒品牌無不爭相砸大錢，只為吸引你乖乖掏腰包購買他們的產品，而非貢獻給競爭對手。

關於認知神經科學

品酒也是一門科學，特別是你的大腦中正在發生的事！「認知神經科學」探討認知歷程的神經科學，範疇包含知覺、運動機能、語言能力、記憶力、推理邏輯和情緒。

初嘗琴酒滋味

人生第一口咖啡或啤酒並不總是美好。同理可證，你很可能不會喜歡這輩子第一口琴酒。既然如此，為什麼最後還會欲罷不能呢？因為腦海中的數據資料庫能透過每次的品酒，漸漸豐富成形，也越來越能欣賞琴酒的箇中滋味。

為什麼品酒讓人卻步？

許多專家（或自以為是的專家……）很擅長讓品酒會變得枯燥無聊，不是大量使用浮誇的形容詞，就是強迫參與者不能與他們的意見相左，但是品酒會應該是一個賓主盡歡的交流時刻啊！大家聞到不同的香氣或喝到不同的口感很正常。別擔心，品酒是一場屬於自己的冒險，兼具愉悅性與創造性，而且應該是有趣的！每品嘗一次就有助於開發腦海中的數據庫，豐富內心的感動層次與表現。

品酒入門的訣竅

對菜鳥來說，辨別琴酒裡的芳香風味是一項艱鉅考驗。想要輕鬆入門的話，可以試著將酒杯裡的東西與自己的味覺數據產生聯繫。例如，「這琴酒讓我想到某道菜使用的香料」。這樣的味覺記憶能幫助我們辨識手中這杯琴酒可能包含的各種風味。而且不要猶豫，每天吃東西或喝飲料時，隨時可以依樣畫葫蘆地練習。如此一來，下次品酒時，你的感官絕對會更敏銳。

一切從視覺開始

你有沒有看烹飪節目時忍不住垂涎三尺的經驗？視覺會影響我們品酒。這就是為什麼許多品牌力推加味、加色（紅色、粉色、橙色等）的琴酒，猶如為琴酒擦脂抹粉掩飾無色透明的外觀。不要被騙了，精心擺盤的食物確實會刺激感官，增加飲食樂趣，但是這種靠想像產生的味道不應該比產品真正的味道更重要。品酒還要看酒液的清晰度：是否有色澤或顏色？渾濁還是清澈？

觸覺

雖然還沒聞到手上琴酒的芳香，然而大腦中的幾個區域已經開始運作了。當你摸到酒瓶和酒杯時，它們的重量、溫度（熱或冷）和形體也會影響你對品酒的感受。

吸引消費者的伎倆

• 使用較重的酒瓶，讓人誤以為品質也很扎實。

• 在品酒場合玩弄不同質地的觸感。

聽覺

聲音對品酒的詮釋也占一席之地。近幾年來相關研究與日俱增，在在證明對食物聲音的感知會影響我們品酒。

吸引消費者的伎倆

• 一個讓人聯想到朱爾·凡爾納（Jules Gabriel Verne）筆下遙遠旅程的美麗名稱。

• 包裝文案讓人想起「植物烘焙香」或「杜松林風之味」的香氣暗示。

• 添加爽脆風味食材，或者在品酒會時提供氣泡感強烈的礦泉水。

嗅覺

　　這才是品酒的重頭戲，商人要在這裡以話術迷惑消費者就不太容易了。有些人天生嗅覺比其他人出色。但好消息是勤能補拙，只要稍加練習，幾乎人人都能鍛鍊出敏感嗅覺。對了，不要認為狗在這方面比人類優越。我們對某些氣味其實比狗和齧齒動物更為敏銳。

味覺

　　首先，旋轉搖晃酒杯裡的琴酒，然後喝一口，含在嘴裡幾秒鐘辨識味道。琴酒停留在舌頭上，才能發現並感受琴酒裡所有植物性香料的風味。如果第一口無法感受到酒液的多層風味，就再喝一口。一旦嘗到琴酒真正的風味之後，就可以好好體會口中的酒體，尤其是舌頭上的感覺，以及酒入喉時，喉嚨感受的光滑或粗糙。不同風格的琴酒有不同感覺的質地，得由你一一辨識。

自我測試

你對品酒條件的重要性抱持懷疑嗎？你可以拿一瓶酒分別在低溫與高溫的地方測試，享受一下改變品酒條件的樂趣。也可以試試室內室外的差別，或是使用不同的容器。根據這些變化，可以喝得出同一瓶琴酒的不同風味。

經典琴酒品牌

亨利爵士琴酒 Hendrick's

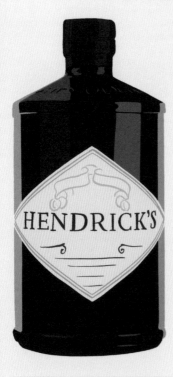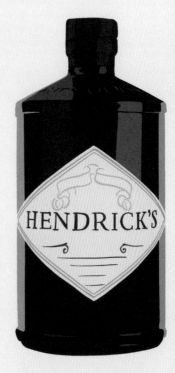

　　在蘇格蘭問世僅數十載的琴酒,卻在擁有數百年歷史的蒸餾器中蒸餾,裝於維多利亞時代風格的酒瓶中……與時俱進、精益求精,是亨利爵士的看家本領,風格古怪又超現實主義,也是倫敦辛口琴酒以外的琴酒復興的功臣。

　　亨利爵士琴酒於 1999 年在大西洋彼岸推出,取得一定成功以後,四年後乘勢在歐洲市場立足。故事相傳是格蘭父子(William Grant & Sons)家族企業的釀酒師大衛‧史都華(David Stewart)有一天去拜訪了珍妮‧席德‧羅伯茲(Janet Sheed Roberts),也就是蘇格蘭最高齡人瑞兼著名釀酒師威廉‧格蘭最年幼的孫女。酷愛琴酒的大衛在玫瑰園中享用黃瓜三明治,配著琴酒,頓時被這些紛至沓來卻又融洽無比的香味深深震撼。

　　他隨即突發奇想,開始投入製造玫瑰和黃瓜風味的琴酒。但蘇格蘭威士忌釀酒師的身分讓他有所顧忌,認為不應將自己的名字跨足琴酒,最後決定將他的琴酒作品命名為「Hendrick's」!而這位「亨利爵士」就是珍妮阿姨的園丁,大衛靈光乍現的時候正與他聊天呢!

　　他的想法是混合兩種琴酒,一種是在 1860 年的班奈特老式蒸餾器(Bennett Still)中蒸餾的烈酒,另一種是以馬車頭蒸餾器(Carter-Head)蒸餾的烈酒,酒精濃度較低,酒體更細緻。接著再加入黃瓜和玫瑰花瓣萃取液,賦予琴酒別具特色的清新。

酒精對人體的影響

恬意地喝一口琴酒，酒一入喉，立刻就會在你的身體裡經歷一場格列佛的冒險旅程了。
你的身體裡會發生什麼反應呢？

身體吸收酒精的程度，男女有別

　　血液中的酒精濃度取決於我們體內的水容積，而且酒精在脂肪中的溶解度比在水中低。女性的身體比起男性，有更多脂肪組織以及比較少的液體。因此，若是飲用等量的酒精，女性身體裡的酒精濃度一般會比男生高。

酒精的消化系統之旅

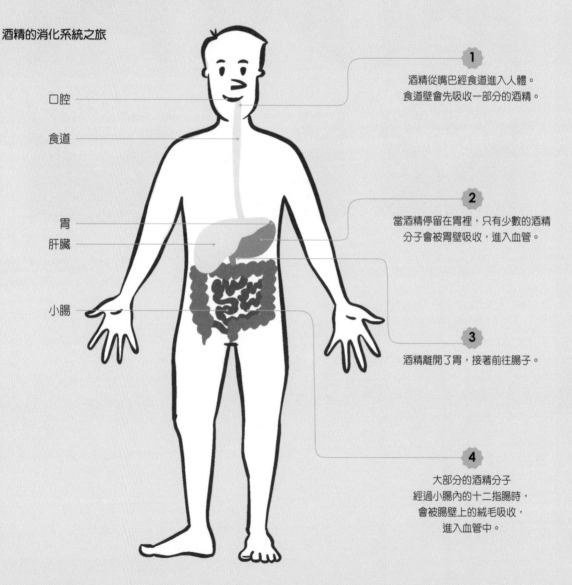

口腔

食道

胃
肝臟

小腸

1 酒精從嘴巴經食道進入人體。食道壁會先吸收一部分的酒精。

2 當酒精停留在胃裡，只有少數的酒精分子會被胃壁吸收，進入血管。

3 酒精離開了胃，接著前往腸子。

4 大部分的酒精分子經過小腸內的十二指腸時，會被腸壁上的絨毛吸收，進入血管中。

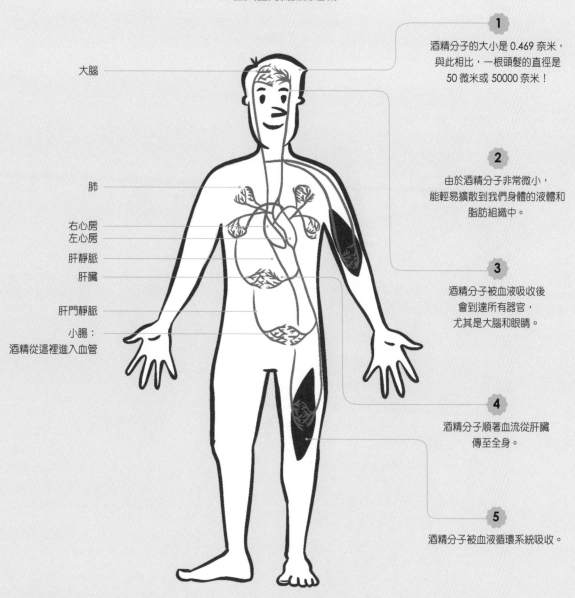

在人體內流動的酒精

大腦

肺

右心房
左心房
肝靜脈
肝臟

肝門靜脈

小腸:
酒精從這裡進入血管

1
酒精分子的大小是 0.469 奈米,
與此相比,一根頭髮的直徑是
50 微米或 50000 奈米!

2
由於酒精分子非常微小,
能輕易擴散到我們身體的液體和
脂肪組織中。

3
酒精分子被血液吸收後
會到達所有器官,
尤其是大腦和眼睛。

4
酒精分子順著血流從肝臟
傳至全身。

5
酒精分子被血液循環系統吸收。

模擬酒後視線的眼鏡

為了提高人們對酒駕危險性的警惕作用,有些組織提供酒精濃度模擬眼鏡讓人試戴。這些眼鏡逼真重現視覺
失調,呈現混亂的距離感,進而影響平衡,讓戴眼鏡的人難以完成簡單的基本動作。

喝酒的影響因素

我們都喝了同樣的酒，但酒精對每個人身體的影響卻不盡相同，這取決於以下幾個原因：

- 酒精攝取量
- 酒精飲料化學成分
- 飲酒頻率
- 性別
- 年齡

人體吸收各種酒精的方式不盡相同

琴酒被人體吸收的速度比啤酒或葡萄酒更慢。琴酒的酒精濃度高（超過 37.5%），容易刺激胃壁，減緩幽門（連結胃與小腸的閥門）張開的速度。因此，即使你喝的琴酒與朋友喝的葡萄酒一樣多，你卻會感覺酒感來得比較慢。

宿醉的原因

酒精一旦進入血液，首先會擴散至人體含水量較高的組織。布滿血管的大腦首當其衝，因而產生惡名昭彰的宿醉頭痛。

酒精標準單位

比較不同酒的酒精時，可以這樣記：100 毫升、酒精濃度 12% 的葡萄酒與 25 毫升、酒精濃度 40% 的琴酒，含有相同的酒精量，即一個酒精標準單位，具體來說就是 10 公克的純酒精。

謹防上癮

品酒應該自始至終是種樂趣，但如果已經變成一種需求，就該尋求醫療建議了。

德國猴子47 Monkey 47

　　顧名思義，這款德國琴酒牽涉到猴子和47種成分。老實說，猴子47琴酒的歷史很不可思議，這要從第二次世界大戰結束時說起。當時英國皇家空軍中校蒙哥馬利‧柯林斯（Montgomery Collins），本身也是一位旅行家和冒險家，決定退伍後幫助重建柏林。他在柏林城市動物園的廢墟中發現了一隻小猴子麥克斯。後來他決定在黑森林中開旅館，命

名為「Zum Wilden Affen」也就是「向野猴致敬」的意思，以紀念這隻忠心耿耿的夥伴麥克斯。

　　他忠於自己的英國血統，與對家鄉的懷念，開始研發英式琴酒，只不過用的是黑森林當地的原料。2008年，亞歷山大‧斯坦（Alexander Stein）因緣際會在遙遠的黑森林發現了這款被遺忘的琴酒配方，於是決定重新投入生產。這款琴

酒甫推出時不太順利，但很快贏得幾項重要大獎，也總算在琴酒新浪潮中被視為指標性琴酒。於2017年被保樂力加（Pernod-Ricard）收購。

　　猴子47琴酒裝瓶時不過濾，瓶身紀錄蒸餾批次編號。精心設計的棕色玻璃酒瓶，不只重現傳統的古老藥劑瓶的視覺感，棕色玻璃也能保護揮發性香氣不受紫外線照射影響。

琴酒豐富的風味

像琴酒這樣具有豐富多樣風味與香氣的烈酒真的不多見。
倫敦辛口琴酒是以少量植物與中性烈酒再餾製成，但其中一種成分香味較脫穎而出的是杜松子。
新類型的琴酒則有千變萬化的風味，如新式西方琴酒、熟成琴酒和日本琴酒。
現在讓我們剖析一下你杯中的琴酒含有什麼樣的風味。

來聊點化學

　　每種植物性香料都會為琴酒貢獻特有的芳香分子。其中一些成分在蒸餾過程中結合，再產生新的分子。原料的香氣和味道在蒸餾後，也會與原先的香氣和味道截然不同。例如天堂椒的種子經常在烹飪中用來替代胡椒，但蒸餾後會變成帶有薰衣草甜香的溫和香氣！這些揮發性分子就叫「萜烯（Terpene）」，也是讓每種琴酒風味獨樹一幟的最大功臣。琴酒中最常見的萜烯則是 α- 蒎烯（α-Pinene）、β- 月桂烯（β-Myrcene）和檸烯（Limonene），這三種都來自杜松子，但其他製造琴酒常見的植物中也有這些成分，如芫荽和柑橘皮。

原料如何影響琴酒

影響琴酒味道的主要元素是植物性香料、果皮精油和香精，添加的方式也各不相同。
以下是多數琴酒中常見的幾項主要原料：

杜松子

賦予琴酒應有的鮮明特色以及明亮強烈的松香。

芫荽籽

賦予琴酒辛辣風味，根據不同來源的芫荽籽，也會有像薑或鼠尾草等辛辣感。

歐白芷根

賦予琴酒麝香與土壤氣息。

柑橘皮

無論是檸檬、萊姆、葡萄柚、柚子、香柑、甜橙或苦橙都可以，與其他植物原料相輔相成，增加令人精神為之一振的豐富層次。

肉桂、桂皮和甘草根

比較甘甜的植物，可以平衡苦味、花卉或土味植物的風味。

琴酒風味輪

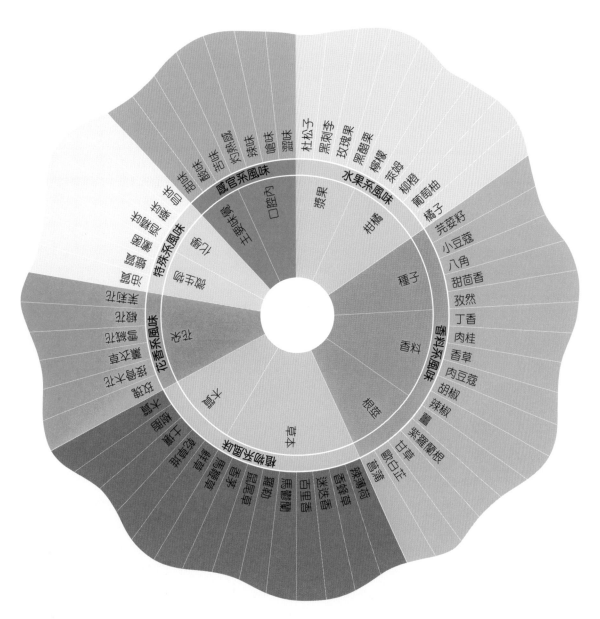

喬治爺爺小妙招

聞琴酒之前,在杯子裡加一滴水,幫助琴酒釋放香氣,同時能讓琴酒更順口。

品酒方式因琴酒類型而異

根據選擇的琴酒類型不同，口感也會截然不同。
在此回顧四種主要的琴酒類型及特點，讓你如行家一樣品酒！

倫敦辛口琴酒：杜松子和天然香料

倫敦辛口琴酒中的主要芳香來自杜松子，讓人想起聖誕樹的味道。有些倫敦辛口琴酒在蒸餾前會浸泡新鮮或乾燥的柑橘皮，賦予酒體鮮明清新的柑橘味。所謂的「辛口琴酒」是指沒有添加（人工）香料，酒中香氣都是純天然，由天然植物萃取。如果嚐起來甘甜，那麼很可能含有甘草。

普利茅斯琴酒：柑橘和香料

就風味而言，普利茅斯琴酒比倫敦辛口琴酒口感更清爽，柑橘味也更濃。由於混合了杜松子、芫荽籽、乾燥甜橙皮、小豆蔻、歐白芷根和鳶尾根等六種植物，尾韻更具辛辣感。這款琴酒嚐起來略帶土質芳香，杜松子的味道更甜美。油質的酒體在馬丁尼、尼格羅尼等調酒中能發揮所長，與任何帶有微苦風味的飲料也很搭。

老湯姆琴酒：豐富的風味

雖然偶爾還有些甩不掉的臭名聲，但老湯姆琴酒其實是一款非常優秀的琴酒，其中的植物原料大多經過蒸餾。蒸餾過程通常添加大量甘草，因此口感極為甘甜，卻沒有甘草的甜膩。各種原料的均衡比例大不相同，自然也影響了質地和口感，因此也比倫敦辛口琴酒的味道更豐富。有些酒廠會加糖讓酒更順口，有些則仰賴植物性香料讓口感更柔和。調酒前，請務必好好試一下味道。

杜松子酒：最具麥芽風味

杜松子酒的獨特生產過程類似威士忌，味道更粗獷。製作過程中也添加杜松子與植物性香料調味，但不如其他類型琴酒那麼明顯。因此杜松子的味道不像辛口琴酒那般成為主要風味，杜松子酒實際嚐起來更具麥芽香。另外還會添加其他風味，可能是含有大量土質芳香的丁香、葛縷子、薑、肉豆蔻。這裡就不要再去想柑橘的味道了。總之，如果說老湯姆琴酒被公認味道豐富，那麼杜松子酒絕對更勝一籌。

品酒前的劃重點

1 蒸餾法對琴酒風味的影響非同小可。從植物性香料中萃取香氣的方式對成品具有決定性影響。將植物浸泡在濃度 96% 的酒精中會釋放出明顯的萜烯（Terpene）。

2 在濃度 96% 的酒精中加熱並煮沸植物性香料，會釋放更深層的熱化萜烯（但有時也會破壞萜烯）。

3 利用注入蒸氣的工法萃取萜烯，植物性香料受熱的接觸較少，因而可以萃取不同的萜烯。

4 品嘗琴酒非常有趣，與多數烈酒不同，它含有來自植物的萜烯。所以喝起來的風味極富層次又有意思，有時可能還一言難盡。

5 不要忽略聞香，香氣是品酒的重頭戲！80% 以上的味道取決於嗅覺。

寓教於樂的品酒

開懷暢飲琴酒之前，不妨看看酒標，接著在旁邊準備一些琴酒裡的原料：杜松子、檸檬、芫荽籽等。先聞一聞、咬一咬這些原料，再聞一聞琴酒，最後喝一口。這種做法有時候能幫助你辨識杯中物的成分，但有時候反而也會受影響。

通寧水是怎麼製成的？

本書專門介紹琴酒，但我們要稍微離題一下，聊聊通寧水（tonic water），
正確的法文是「les eaux toniques」，意思是「強身滋補的水」，但很少人這麼稱呼。
通寧水與大名鼎鼎的琴湯尼（Gin Tonic）形影不離，現在就讓我來告訴你為什麼不可小覷通寧水！

來段小歷史

通寧水在十九世紀初被視為藥用飲料，是醫生開給士兵們治療瘧疾的處方。通寧水後來成為酒吧界眾所周知的調酒用碳酸水，因其苦澀而備受喜愛。雖然它與琴酒是最佳搭檔，但也可與其他烈酒情投意合，如龍舌蘭湯尼（Tequila Tonic）和伏特加湯尼（Vodka Tonic）。

通寧水到底是什麼？

廣義來說，凡有益健康和具振奮作用的混合物，都可以稱為「通寧水」。這個名字經常加在以奎寧為主要成分的開胃酒名稱後面。

飲料業界的通寧水，指的是含有二氧化碳和奎寧（quinine）的氣泡水，而奎寧使它具有獨特苦味。有些通寧水會加糖或龍舌蘭以平衡苦味。另外還有杜松子、檸檬香茅、薰衣草、接骨木花、檸檬、薑等口味的通寧水。

奎寧又是什麼？

奎寧是一種從金雞納樹皮中提煉的天然生物鹼，金雞納樹又稱為寒熱病樹，最常見於南美洲。奎寧是治療瘧疾的有效藥方，也讓通寧水普及。之後奎寧藥片取代通寧水成為治療瘧疾的主要藥方。

通寧水其實不只一種

過去有很長一段時間很難找到合適的通寧水。品牌既少，品質又不好。不過這一切都過去了！如今通寧水市場熱絡，每年都有新品牌和新產品爭相問世。

最受歡迎的品牌：芬味樹（Fever Tree）、英倫精萃（London Essence）、三分錢（Three Cents）、梵提曼（Fentimans）、湯瑪士亨利（Thomas Henry）。

當心不要搞混了

通寧水、氣泡水或蘇打水這三者經常被搞混，但這三者其實不同，是三種類型各異的碳酸水。

通寧水	氣泡水	蘇打水
含有水、二氧化碳、奎寧和糖。苦味強烈，經常用來調製雞尾酒。	含有水和二氧化碳。味道類似一般的水，很少用於調酒。	含有水、二氧化碳和礦物質。味道甘甜，略帶鹹味，經常用來調製雞尾酒。

誰發現了奎寧？

1820 年的巴黎處於藥物概念革新中，一項發現改變了全世界：佩爾蒂埃（Pierre Joseph Pelletier）和卡旺圖（Joseph Bienaimé Caventou）發現了奎寧。這兩位巴黎藥學家從金雞納樹中分離出活性成分，這在當時特別困難，因為這些植物的物種多樣性和化學組成很複雜。他們的研究成果提交給法國科學院受到認可，被譽為是奎寧治療的源起，用於治療發燒症狀，尤其是瘧疾方面的疾病具卓越功效。

琴酒與通寧水：天生一對

現在通寧水的知識再也難不倒你了，但還有一個必要的步驟，就是讓對的琴酒搭配對的通寧水。
我們這就來幫你找到完美的配對！

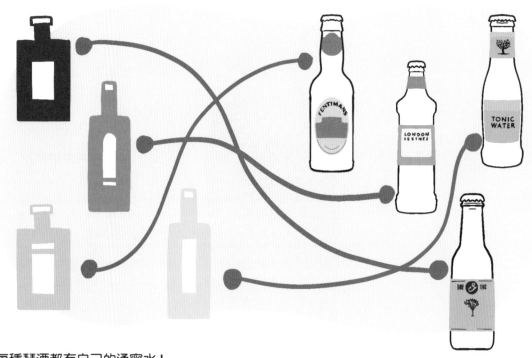

每種琴酒都有自己的通寧水！

每種通寧水都有不同的特色，尤其是奎寧和糖的含量，通寧水或苦或甜取決於此。其他成分對於通寧水的味道也不無影響，例如柑橘類水果，其中最常見的是檸檬。

通寧水的氣泡顆粒粗細和強度也會有差異，因為添加二氧化碳的方式不盡相同。

通寧水的口味越來越多元，接骨木花、洋甘菊、玫瑰都是很新的口味。如果不想搞砸，第一步是先確定你喜歡的琴酒風格及其主要風味。

對於經典口味的琴酒來說，因為杜松子香氣明顯，所以請選擇不破壞這種琴酒特性的經典通寧水。具有強烈的柑橘或花香味的通寧水就不太適合。

至於風味豐富的琴酒則可以嘗試搭配花香的通寧水，讓馥郁的香氣更奔放突出。

互補的美好境界

最需要考量的是兩者應該如何調和。琴湯尼是一份琴酒加三份通寧水，所以後者對於味道的影響較大。總之這兩種成分都不應該被低估，必須互補。

琴酒與通寧水的搭配建議

完美匹配的不二法則取決於味道組合起來是否適宜。記得花點時間依照風味將通寧水與琴酒分類。如果要創造出令人驚豔的組合，不同類型的琴酒就需要搭配合適的通寧水。以下提供幾款最常見的琴酒與通寧水搭配範例。

辛香或多層次風味琴酒

辛香味重的琴酒香氣和風味更多元、有層次。
如果不想讓風味太複雜，
最好搭配花香或中性通寧水。

- 坦奎麗倫敦辛口琴酒（Tanqueray London Dry）
- 希普史密斯倫敦辛口琴酒（Sipsmith London Dry）
- 普利茅斯海軍強度琴酒（Plymouth Navy Strength）
- 波特貝羅路海軍強度琴酒
  （Portobello Road Navy Strength）
- 粉紅胡椒琴酒（Pink Pepper）
- 馬丁米勒加烈琴酒
  （Martin Miller's Westbourne
  Strength）
- 愛丁堡加農砲經典琴酒
  （Edinburg Gin Canon Ball）
- 英人牌倫敦辛口琴酒
  （Beefeater London Dry）

柑橘香和草本香琴酒

這類琴酒特別適合搭配芳香通寧水，
若含有柑橘味道則為上選。

英人牌 24 琴酒（Beefeater 24）•
龐貝藍鑽琴酒（Bombay Sapphire）•
鬥牛犬琴酒（Bulldog）•
翠絲威廉特級辛口琴酒（Chase GB Extra Dry）•
銅頭蝮琴酒（Copperhead）•
瑪芮琴酒（Gin Mare）•
猴子 47 琴酒（Monkey 47）•
坦奎麗 10 號琴酒•
（Tanquery NºTen）

經典的倫敦辛口琴酒

倫敦辛口琴酒處於四種風味的中間交叉
位置，不適合搭配濃烈的通寧水。請選
擇中性通寧水為佳。

- 飛行琴酒（Aviation）
- 植物學家琴酒（The Botanist）
- 杜德琴酒（Dodd's）
- 亨利爵士琴酒（Hendrick's）
- 馬丁米勒琴酒（Martin Miller's）
- 靜祕之池琴酒（Silent Pool）

老湯姆浴缸琴酒•
（Bathtub Old Tom）•
布洛克曼琴酒（Brockmans）•
翠絲黑刺李琴酒•
（Chase Aged Sloe and Mulberry）•
普利茅斯黑刺李琴酒（Plymouth Sloe Gin）•
希普史密斯黑刺李琴酒（Sipsmith Sloe Gin）•

清新和花香型琴酒

這類琴酒的特色
是具有淡淡的果香和芬芳的花香，
能與一些通寧水的甜味和水果風味完美匹配。

甜味琴酒

這些類型的琴酒
甜味與果香通寧水是完美組合。

不要忘記各種調酒裝飾物！

雖然裝飾物（Garniture）經常只是幫調酒增添風味，但也能小兵立大功，為你的琴湯尼畫龍點睛！！

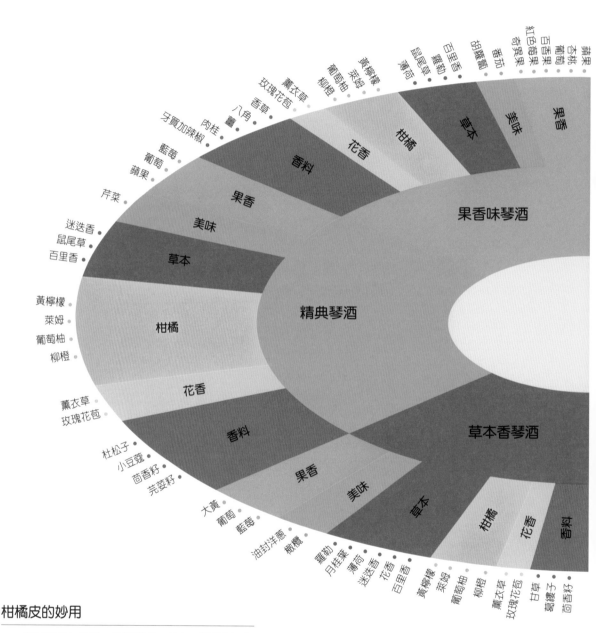

柑橘皮的妙用

　　調酒最常加的是一片檸檬或四分之一個萊姆，但也可以單獨使用柑橘皮。加入其他柑橘類水果之前，應先將果皮精油輕輕擠在調酒上。

微妙的草本清香

　　琴湯尼的特色和獨特就是藉由調酒裝飾物錦上添花，比方說已經有花香基調的調酒，可以搭配可食用的花，而百里香就很適合草本清香的調酒。

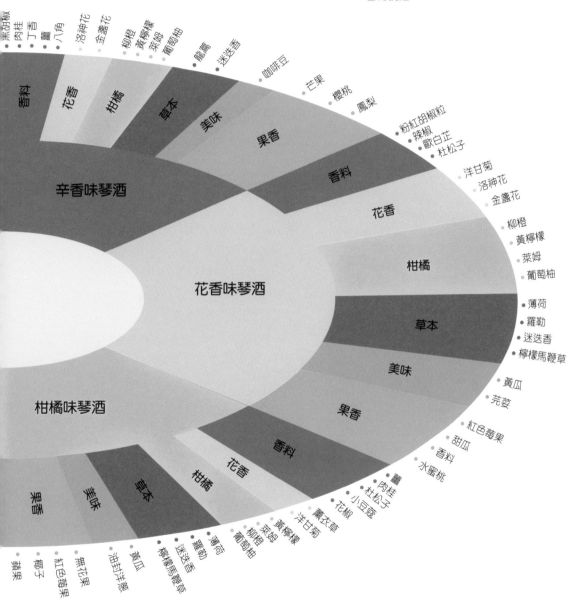

品酒紀錄表

你是否記得曾對一本書、一部電影、一場用餐體驗怦然心動,但卻怎麼也想不起來確切感受?
這絕對令人沮喪!所以把品酒體驗記錄下來吧,可以讓你確認喜歡或不喜歡的風味,
從今以後的品酒不再迷失方向。

菜鳥守則

注意不要讓品酒的美好時光變得複雜,填寫簡化版的品酒紀錄表已足夠。目的是讓自己養成習慣,隨時分析各種感受。

初次記錄最重要的不是引用專家怎麼說,而是用自己的句子。例如:「杜松子味太濃」,「聞起來有胡椒味」,以及其他任何想到的感受。別管那些可能會嚇到從椅子上跳起來的專家會怎麼想,重點是讓你事後能輕易地複習,除了自己的口味如何變化,更重要的是找出能讓你愛不釋手的琴酒。

```
┌─────────────────┐
│ ........ / ........ / ........ │
└─────────────────┘
```

酒廠 / 品牌 / 序號:

....

名稱: ....

購買地點: ....

喜歡的重點: ....

....

....

....

不愛的重點: ....

....

....

....

評分: .... / 10

新手的品酒紀錄表

新手常見錯誤

• 記錯重點。每個品牌都有好幾款不同琴酒類型,若只記琴酒品牌,事後可能很難找到是哪一支琴酒。

• 沒有馬上記錄下來。首先,記憶力沒那麼可靠。另外,下一杯就會讓你忘記前一杯的八成味道。

• 節奏太快。品酒不是與時間賽跑,欲速則不達,太過匆忙可是會錯失很多風景。

• 下筆潦草如鬼畫符。記錄的目的是讓你往後多年內,都能有看得懂的實用參考資料。

救命!我不會寫啊!

如果一開始不會寫品酒紀錄表,也沒什麼好擔心的。這就像學騎自行車一樣,熟能生巧,一旦上手,就會樂在其中!

琴酒狂限定

在 Apple App Store 有英文版的 Ginventory 應用程式,提供完美搭配通寧水和調酒裝飾物的絕佳點子。

進階版

現在你對品酒已經駕輕就熟,是時候進入正題,請認真細細分析眼前這杯琴酒吧!
這樣做一定會讓你更了解自己偏好什麼琴酒。

.... / .... / ....

酒廠 / 品牌 / 序號:

....

名稱:.....................................

購買地點:.............................

喜歡的重點:.........................

....

....

....

....

....

不愛的重點:.........................

....

....

....

....

評分:......./ 10

	杜松子	柑橘味	花香	草本	美味	土壤	辛香	辛口	苦味	糖味	甘甜	爽脆	餘韻
強	•	•	•	•	•	•	•	•	•	•	•	•	•
中	•	•	•	•	•	•	•	•	•	•	•	•	•
弱	•	•	•	•	•	•	•	•	•	•	•	•	•

接下來如何處理品酒紀錄表?

　　仔細分類並歸檔。一旦開始記錄,迅速累積幾十張,
甚至幾百張品酒紀錄表並非難事。可以參考以下分類:
- 按地區:但必須對琴酒地圖瞭如指掌。
- 按琴酒類型:倫敦辛口琴酒放在一起,老湯姆琴酒
  放在一起,其他比照處理。
- 按字母順序:依照酒廠名的首字母。
- 按年代排序:不過要找東西的話,這不是最方便的
  方式……
- 按口味:喜歡的放一起,慢走不送的放另一邊。
　　最後,最重要的,別忘了利用 Excel 做成摘要,歸納
所有品嘗過的琴酒,這樣就能一目了然,隨時輕鬆找到它
們了!

品酒會尾聲

品酒會已近尾聲，酒杯也都空了，但別太早曲終人散！

還有一些收尾的事，讓品酒會好好進行至最後一刻，並在有利條件之下為下一次品酒會做好準備。

最後再聞一次空酒杯

品酒的最後時刻，我們經常忘記一件事——即使酒杯裡已經沒有酒，但是杯底乾涸的酒漬仍然散發香氣，這就是所謂的乾萃取（extrait sec）。也就是具有芳香分子但不易揮發的固體化合物。最後把杯子倒過來聞一下，好好想像琴酒的結構。

與酒友交換心得

品酒會應該是一個集體分享的時刻。當然，請小心排除那些不顧一切強加意見於他人的酒客，只留下心態開放的人就好，這樣才能順利地討論各自一見傾心的琴酒。也為下一次的品酒聚會準備。

仔細清洗酒杯

有些人會建議只能用熱水清洗，以免洗碗精味道附著在酒杯上。然而這個方法有個問題，就是洗得不夠乾淨，長期下來容易在杯上殘留油脂和汙漬，就像牢牢黏住岩石的牡蠣一樣，進而影響日後的品酒。最理想的做法是用無香的肥皂手洗（注意盡量避免化學氣味……），接著用清水徹底沖淨，並立即用無味的乾抹布擦乾。

正確收納酒杯

知道如何正確收納酒杯的人少之又少。理想情況下，應該杯口朝上擺放，避免罩住了櫥櫃的氣味。也不要把杯子放在紙箱裡，雖然方便，但酒杯可能會聞起來有紙板的味道（展覽會餐飲攤位上的酒杯往往就是這樣）。如果發生這種情況，該怎麼辦？讓杯壁均勻沾上琴酒，重複幾次，然後用水沖洗乾淨。如有需要，可以重複幾次上述動作。

確認琴酒庫存

為了使你的琴酒保持最佳狀態，每瓶最好保留三分之一以上。如果剩下不到三分之一瓶，可以換到比較小的瓶子裡，盡量減少酒液接觸空氣，或者把酒瓶放在前排，盡快喝完。

喝一大公升的水

即使品酒之後喝很多水並不會開心，但最後這一公升水卻是預防頭痛的良方。這將拯救你隔天的腦袋，有助緩解不適！

拓展琴酒視野

經歷了一次賓主盡歡的品酒會之後，不要猶豫，與你的酒友一起「拓展琴酒世界」。比方說，前往蒸餾廠參觀，延伸品酒活動的視野。

仔細存放品酒紀錄表並拍照存證

不要拖延整理品酒紀錄表。而且還要更進一步，幫每瓶一見鍾情的琴酒拍照。這樣以後要找它們就更方便了！

搭計程車回家！

還有力氣的人甚至可以走路回家！可以一邊想像漫步在一大片植物的田野之中……

97

預防和治療宿醉

法國作家福婁拜說：「生活只在醉眼相望時才堪以忍受。」
以下建議正是為了確保你品酒第二天仍然堪以忍受。

說文解字

法文的宿醉「veisalgia」是個科學名詞，一部分來自挪威文的「kveis」，意思是「縱情享樂之後的不適」，另一部分則是希臘文的「algia」，表示「痛苦」之意。

什麼是宿醉？

這是一種酒精中毒。我們的身體會代謝酒精，並將其轉化為一種化合物，也就是乙醛，或醋醛。當乙醛濃度過高時，我們的身體機制就會開始啟動，排出它認為有害的一切物質，形成不同表現方式如頭痛、嘔吐、頭暈、疲倦等，也就是宿醉。人體消化酒精需要肝臟埋頭辛勤運作，若肝臟火力全開，最多可以在一小時內代謝大約 35 毫升的酒精，相當於一杯 25 毫升酒精濃度為 40% 的琴酒。

宿醉何時發生？

過度飲酒後的 8 至 16 小時之間就會出現症狀。當血液中的酒精濃度歸零時，症狀最明顯。

吃飽再品酒

不要空腹品酒。避免宿醉的上上之策是在飲酒前均衡地飽食一頓：纖維、蛋白質、脂肪缺一不可。

晚上喝酒時：
在兩杯酒之間的空檔喝水

由於我們的大腦會產生化學反應，需要更大量的水才能代謝酒精。因此最好的方法是在品飲兩杯琴酒的空檔喝一杯水。萬一時間很長，就果斷地多喝兩杯或三杯水吧！

睡前喝一公升的救命水

這可能是你最不想喝的一公升水，但是藉由補充水分幫助身體代謝酒精是百利無一害。

不要因噎廢食

　　有句格言是這麼說的：「如果不想宿醉，最簡單的事就是永遠不要停止喝酒……」所以你應該在宿醉當晚就和朋友們喝一杯（但一定要適量）！

最後叮嚀

　　宿醉是一種非常複雜的身體反應，甚至連科學家都還沒有完全破解。因此，如果找到對你有效的妙方，那就勇往直前吧（記得把你的妙方寄給本書作者，他還在四處尋找神奇療法）。

肚子痛？
往往與宿醉有關。你可以服用專門的藥物緩解症狀，不然有個更簡單的方法：將一匙小蘇打水加入一杯水中服用。

隔日早晨：補充維生素與鋅

　　為了消化酒精必須把消耗掉的維生素補回來。倒也不需要狂吞維他命錠：吃水果和蔬菜就綽綽有餘。如果喜歡吃牡蠣，那就盡量吃吧！因為含有豐富的鋅，正是你需要的。切忌喝咖啡，多喝點花草茶和水。

名人的解酒妙方

邱吉爾
山鷸和一品脫黑啤酒。

哈利王子
草莓奶昔。

茱莉亞‧羅勃茲
在香檳和胡蘿蔔汁之間舉棋不定。

賽吉‧甘斯柏
翌日早晨喝杯血腥瑪麗。

海明威
在香檳杯中倒入一小量杯的苦艾酒。加入冰鎮香檳，直到呈現足夠的乳白色澤。慢條斯理啜飲三到五杯。

宿醉：在德國是一種病

　　2019 年 9 月，法蘭克福地方法院在一項裁決中判定宿醉是一種疾病。這是針對一家販售抗宿醉解酒液公司的判決。但投機的人應該能從中看到無限可能：喝多了的隔天還可以正當請個病假！

哪裡可以喝琴酒？

你身邊沒有對琴酒志同道合的人嗎？想與新朋友一起對琴酒的認識更上一層樓嗎？
那麼琴酒俱樂部是你的首選之地。

俱樂部實體店家

　　雖然琴酒俱樂部比蘭姆酒或威士忌等其他酒類俱樂部少得多，但還是找得到一些實體的品酒俱樂部。記得在加入品酒俱樂部之前要注意以下事項：

• 確保品嘗的酒款符合期待。
• 確認你的琴酒知識水準與店家相較是否過低或過高。

　　你常光顧的酒窖極有可能每年都會舉辦幾次琴酒試飲會。即使嚴格意義上來說不算是正統的品酒會，但試試無妨，也許這種形式很適合你。

也有線上俱樂部！

　　網路上有許多琴酒俱樂部。無論是想徵詢意見，還是掌握各品牌的消息，或者是參加蒸餾師本人親自授課的琴酒班，應有盡有。唯一的缺點是透過螢幕無法親嘗琴酒風味或是接過杯子喝一口……這些線上社群有數以千計的愛好者，在上面還能找到絕版的琴酒，或有人會銷售自製的琴酒，什麼可能都有。但是在你提出第一個問題之前，要先做好以下心理準備：

• 加入社群時請保持謙虛。
• 不要發布上次在超市買的廉價琴酒照片，否則會被丟（虛擬）番茄喝倒采……
• 善用搜尋功能，檢查你的問題是否已經被問過八百次了（這會一秒激怒其他會員）。

13000

法國琴酒協會

在 2022 年 3 月時該社團擁有一萬三千多名成員，是法國最大的琴酒專門臉書社團。他們甚至推出粉紅琴酒，也是臉書社團首次推出的特製酒。這是一款 100% 天然的粉紅琴酒，100% 慈善性質，利潤全捐給乳癌防治慈善協會（Madame S，www.association-madame-s.fr）。

臉書網址：
www.facebook.com/groups/1643696705744191/

如果你懂英文

臉書上也有許多關於這個主題的英文社團：

The Gin Forum
www.facebook.com/groups/TheGinForum

Australian Gin Appreciation Society（AGAS）
www.facebook.com/groups/141122389848209

The Gin Crowd
www.facebook.com/groups/thegincrowd

Gin and Tonicly Club
www.facebook.com/groups/ginandtonicly

金窩銀窩不如自己的狗窩

如果俱樂部不是你的菜，有不需要花光儲蓄也能在家裡享用琴酒嗎？請上提供樣品的烈酒購物網站。

喬治爺爺小建議

想品嘗世界各地不同的琴酒，最佳途徑就是酒展。以下提供幾項資訊：
琴酒癮頭（Gin Addict）：法國數一數二的琴酒展。超過兩百多個琴酒與通寧水的品牌齊聚一堂。
薩塞克斯琴酒節（Sussex Gin Fest）：英國最大的琴酒展（幾乎每個英國大城市都有琴酒節）。
還有杜加斯俱樂部專家（Dugas Club Expert）、里昂純正烈酒（Lyon Pure Spirits）等酒展，即使並非琴酒專門，也會提供幾款琴酒以饗眾人。

無酒精「琴酒」？

不含酒精的琴酒？差不多該說了：就是一種看起來像琴酒，但沒有酒精的飲料。

引熱潮的無酒精飲料

　　所謂的無酒精飲料，其實就是烈酒的複製品，具有烈酒的感官特徵，但不含酒精。舉凡無酒精琴酒、無酒精威士忌、無酒精開胃酒……無酒精家族名單很長，而且每個月都有新成員加入。這塊市場成長的主要因素來自良知消費呼聲的需求。琴酒當然也不能置身事外，各種無酒精版本日益增多。

名稱大有問題

　　法律上不存在不含酒精的烈酒類別。根據歐盟法規，酒精濃度必須至少15% 才能歸類為烈酒。因此，就法律而言，產品自稱為「無酒精琴酒」的品牌就已經不合法規了。

模擬酒精的感覺

　　為了重現酒精的口感，但又不能加酒精，生產商不得不費盡心思：他們用苦味或辛辣味取代酒精的苦澀（目的是飲用時讓口腔黏膜輕微收縮的反應）。

無酒精琴酒的科學基礎

無酒精烈酒製造商嘗試用植物、草藥、樹皮、堅果和種子製造複雜而豐富的風味。有些人嘗試用它們複製傳統烈酒的風味，例如琴酒裡特有的杜松子香氣。目前有幾種不同的方法達成這個目標。

混合不同的植物萃取液就能重新創造琴酒的香氣。這個過程與用來製造調和烈酒的所謂低溫萃取過程沒有什麼不同。唯一不同的是植物萃取液的生產過程中完全沒有使用酒精，或者酒精已經被事先去除。

除了傳統琴酒生產中使用的蒸餾法之外，還可以運用滲濾法和冷壓法取得植物萃取物。另外也有在實驗室複製人工香味的做法，但很少有品牌會涉獵這一領域。

無酒精琴酒的售價？

無酒精琴酒通常不便宜，有時甚至比一般琴酒更貴，而且還不用課酒稅，所以也贏得「天價加味水」的稱號。但其涉及的技術相當複雜也是千真萬確，所以產品才能有這種水準。生產無酒精琴酒需要大約六週，比單純製酒更花費時間。

琴酒的無酒精替代品，值得一試的幾款：

- 萊爾斯（Lyre's）
- 低琴（Djin）
- 籽粒（Seedlip）
- 希蒂力（Ceder's）

選購琴酒有竅門

數以百計的品牌，成千上萬的酒款……提起當今世上最令人耳目一新的烈酒，非琴酒莫屬。愛好者擁有的選擇多得讓人嘆為觀止。琴酒的顏色五花八門，不僅搭配不同口味，更適合各種場合。但是市場上有最知名的品牌與標新立異的品牌，不只不知從何下手，更容易被漂亮包裝所迷惑。

幸好，只要遵循幾個準則，擬定好選購策略，你也能輕而易舉地打造一個任何場合都能派上用場的個人酒吧！

去哪裡選購琴酒？

琴酒很好買，但現在你知道琴酒良莠不齊，所以你只需要知道如何買到價廉物美的琴酒。

超市尋寶

法國各大超市都留意到琴酒風潮（而且還可以趁機增加營業額）。雖然超市找到好酒的機會不多，但還是可以找到一些大品牌的極佳酒款，而且物超所值，能為你的調酒增色不少。以下是可在超市入手的琴酒。

龐貝藍鑽

亨利爵士

鬥牛犬

六

網路搜尋與購買

上網就能輕輕鬆鬆找到想要的琴酒，甚至是一些限量銷售的珍藏版。你可以坐在電腦椅上，好整以暇地搜尋、比價，訂單達到一定金額甚至可以免運費。以下是幾個不能錯過的網站：

THEGINADDICT.COM

正如網站名，能在這裡找到你心愛的琴酒。超過 200 種酒款任君挑選，還有其他材料讓你的琴湯尼與眾不同。

WWW.WHISKY.FR

雖然以威士忌為主打商品，但也提供形形色色的琴酒，包括一些難得一見的酒款。

WWW.DRINKSCO.FR

專門銷售葡萄酒和烈酒的購物網站。該網站屬於保樂力加集團（Pernod-Ricard），提供世界各地的琴酒，款式琳琅滿目（而且不只有該品牌旗下的酒）。

GINSATIONS.COM

這網站販售驚喜盒，盒子裡賣的不是美容產品，而是琴酒。訂購後每個月會收到一個驚喜盒，裝有一瓶琴酒跟通寧水等相關產品。

WWW.DUGASCLUBEXPERT.FR

杜加斯的蘭姆酒比琴酒更有名，但仍然買得到非常好的琴酒。

酒窖（烈酒專賣店）

　　雖然網路方便，但請不用懷疑，我們仍然是實體商店的死忠粉絲。推開酒窖大門後就像走進阿里巴巴的寶藏洞穴，店裡還有願意傾囊相授的熱情老闆。儘管放心和他吐露喜好，一定能幫忙找到你獨鍾的優質好酒。

　　就算是菜鳥，也不必害怕走進酒窖。很多人都是經過這一關才能獲得更多烈酒的知識。

　　不過倒是會有選擇障礙，因為數以百計的酒款，甚至是絕世佳釀一字排開真的很難抉擇啊！

如何辨別老闆是否誠實？

人不可貌相，第一眼的確很難判定，以下幾個關鍵可以知道眼前這位是否有真材實料。

1. 一個好老闆會詢問喜好的口味，或者送禮對象的喜好。

2. 他會體貼詢問預算，不會把你當肥羊。

3. 通常備有幾支已開瓶的琴酒提供試飲，讓你在購買前確認口味。

4. 對於你看上的酒，他都具有扎實的相關知識，並如數家珍地介紹身世背景。

5. 他會定期在店裡舉辦活動和各種講座，讓顧客學習烈酒，精益求精。

當心獲獎迷思

有些品牌會大喇喇地在酒標上標註各種比賽中囊括的獎項……事實上，跟實際品質沒有絕對的關係。

打造個人酒櫃

任何人都可以在家裡打造出專業的酒櫃。這取決於個人喜好,但也取決於荷包。
多方品酒後,準備好添購幾瓶好酒了嗎?

收藏必須包山包海嗎?

　　琴酒世界有些愛好者,只追求同一種類型的琴酒。如果你想依循這種模式,原則其實很簡單,就是以你最愛的琴酒為中心往外延伸收藏。否則,不妨選擇不同風格的代表酒款。例如以下:

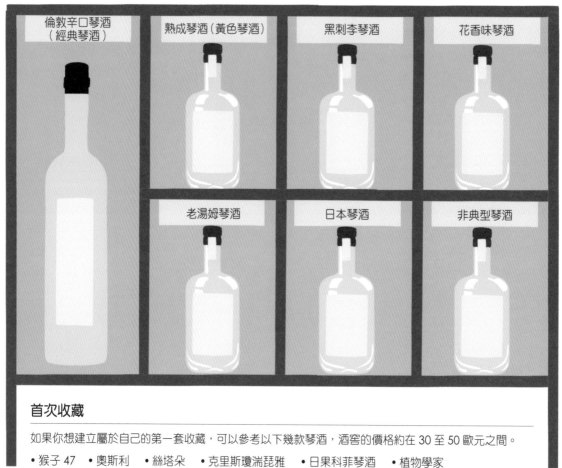

| 倫敦辛口琴酒(經典琴酒) | 熟成琴酒(黃色琴酒) | 黑刺李琴酒 | 花香味琴酒 |
| | 老湯姆琴酒 | 日本琴酒 | 非典型琴酒 |

首次收藏

如果你想建立屬於自己的第一套收藏,可以參考以下幾款琴酒,酒窖的價格約在 30 至 50 歐元之間。

• 猴子 47　• 奧斯利　• 絲塔朵　• 克里斯瓊湍琵雅　• 日果科菲琴酒　• 植物學家

希普史密斯琴酒 Sipsmith

如果有哪個品牌關鍵性地推了英國工藝琴酒復興運動一把，那非希普史密斯莫屬。故事要從 2007 年 1 月說起，當時費爾法克斯·霍爾（Fairfax Hall）以及山姆·高爾斯華斯（Sam Galsworthy）這兩位老朋友辭去工作，賣掉各自的房子，決定創建心目中的酒廠。因緣際會之下，他們找到完美地點：一座舊啤酒廠，也是權威評論家麥可·傑克森（Michael Jackson）的品酒室。雞尾酒史學家傑瑞德·布朗（Jared Brown）隨後也加入陣容，擔任蒸餾師。

他們起先沒預料到一個棘手的問題：根據 1823 年的一項選擇性銷售稅，容積小於 1800 公升的蒸餾器無法取得製酒許可證，而他們的新蒸餾器只有 300 公升。憑藉著不屈不撓的熱情與堅定不移的信念（和一些勇氣），他們不停請願，終於成功讓法令在 2008 年得以修改，英國政府從此允許製造工藝琴酒。2009 年 3 月 14 日，他們以世上第一個 Prudence 綜合型蒸餾器做出最後上市的配方。品牌大獲成功，原址太小也變得無法應付產能，不得不在 2014 年將蒸餾酒廠遷到奇西克（Chiswick）。

解讀琴酒酒標

購買琴酒時，你可能會被包裝設計所吸引，尤其琴酒商的創意越來越別出心裁！
然而，瓶身上那酒標提供了有用的參考資訊，請務必仔細閱讀。但要注意，很少有酒標會告訴你所有真相……

法定必要資訊

如果是法國購買的琴酒，則必須註明：

琴酒名

（瓶子背面）
生產商或經銷商公司名

酒瓶容量

生產商的品牌或名稱

酒精濃度：以容量的百
分比（％ vol.）表示

琴酒的年分呢？

　　很少有生產商會註明琴酒年分，因為只會適得其反
讓消費者狐疑，畢竟有些琴酒的陳釀時間與其他烈酒相
差甚遠：熟成琴酒只需幾個月的時間，但是像威士忌動
輒幾十年。
　　如果你買的是黃色琴酒，也就是熟成過的琴酒，酒
標上還會有額外資訊：熟成琴酒的酒桶類型（如干邑、
葡萄酒、威士忌）、生產批號，甚至是裝瓶號碼。

為什麼酒標上不一定會標示「Gin」？

有些你以為的琴酒，因為有些製程細節不
同，可能會標為「植物烈酒」。這代表這款
產品的主要味道不是杜松子，或者酒廠在製
造過程中使用非中性的基礎酒精（例如有些
使用麥芽酒液）。

Small batch

Craft

Handcrafted

Contemporary gin

閱讀一下酒標就會發現……

1 小批次生產（small batch）

少量蒸餾生產的琴酒（少於 250 公升），每次蒸餾後數量少於 1000 瓶。這作法據說能讓琴酒品質更好，但主要也是在大品牌夾殺中脫穎而出的生存之道。

2 工藝（craft）

酒標上越來越引領風騷的詞彙。同樣指少量蒸餾的琴酒，只是品牌背後有一整套的哲學。工藝琴酒商通常採購在地原料，但也會向大型工業酒廠購買中性基礎酒精。

3 手工製作（handcrafted）

英文原文意思是品牌背後有一個推手或團隊主導。通常是蒸餾高手，以知識和熱情定下琴酒配方。這位高手往往親手篩選原料，同時也操作蒸餾器。話雖如此，還是要小心行銷陷阱，因為大型琴酒品牌集團也會使用這個話術……畢竟這方面並無法規規範。

4 當代琴酒（contemporary gin）

也叫做「新美國」琴酒（不過可以在任何地方生產），這款琴酒的特色是杜松子香氣比倫敦辛口琴酒淡不少。

暗藏陷阱的國家標示

有些品牌的酒標會標上特定國家，作為品質保證，但並不代表原料來自該國（除了少數如馬丁尼克島的原產地命名控制〔AOC〕認證蘭姆酒，一定來自該島）。這其實是一種行銷噱頭喔！

什麼場合喝什麼琴酒？

不同的時機與地點，必定會左右你對琴酒的選擇。以下提示如何在不同場合做出明智選擇。

夜店狂歡買醉時

在這裡追尋細緻的美酒是白費心思。重點是選擇呼應氣氛的簡單酒款就好，因為 95% 會被廉價的通寧水稀釋。粉紅琴酒倒是不錯的選項，不只吸睛，在舞池燈光閃耀下更顯耀眼。不過，如果是在腳踩細沙的沙灘酒吧，請選擇地中海風格的琴酒。

調製雞尾酒時

千萬別使用廉價酒調製雞尾酒，以免鑄下大錯，因為隔天很有可能頭痛欲裂（這些酒應該只能在烤肉爐裡升火……）。避免太便宜的超市琴酒，寧可選擇能在調酒中散發香氣的琴酒。

下班小酌放鬆時

重點是要一瓶讓你怦然心動的琴酒，一瓶與你的內心產生共鳴的琴酒。但也要容易買到，且不會讓你荷包大失血的酒！

與頭號敵人分享時

　　想跟你的眼中釘喝一杯？手段倒是不少。如果是含有一堆添加物（糖和色素）的調味琴酒，幾杯下肚後絕對會讓他得糖尿病！不然也可以選擇廉價琴酒，保證瀰漫甜美的乙醇風味！

讓朋友刮目相看時

　　該展現你非凡的挖寶功力了吧！來瓶巴黎琴酒？還是熟成琴酒？你也可以展現挖到限量版琴酒的實力。不過請注意，我們無法保證品質總是盡如人意……也沒有說可以便宜搞定。

回味美好假期（當成風景明信片？）

　　打開一瓶琴酒，讓美好假期和邂逅相遇的美好回憶湧現。現在幾乎全世界各個地方都產琴酒，所以別忘了塞一瓶（或更多）好酒在行李箱裡帶回家。

如何存放琴酒？

找到喜歡的琴酒之後，接下來的問題是如何讓它們保持良好狀態。
只要切實地遵守下列原則，你的琴酒體驗將會更香醇迷人！

別比照葡萄酒辦理！

你入手的琴酒是最終成品，在酒櫃裡不會越陳越香。不過要當心調味琴酒，因為它的色澤可能會隨著時間而變化。

隔絕光線

盡可能將瓶子存放在陰暗處，這就是經常看到琴酒盒裝販售的原因。除了保護酒瓶不受碰撞，還能遮擋光線。因為光線會改變琴酒色澤，甚至影響味道。

立正站好，永遠別躺平！

無論已開瓶或未開瓶，永遠讓你的琴酒直挺挺！不然酒精可能會腐蝕瓶蓋（特別是軟木塞製的），這是不惜任何代價都要避免的情況。

存放處的溫度

琴酒不需要收藏在地窖裡。不論是已開瓶或未開瓶，存放在大約 20℃的室溫就恰到好處了。

留心軟木塞

定期檢查軟木瓶塞。如果變乾硬，就無法再發揮應有的封存作用，甚至可能斷裂。為了避免這種悲劇，要定期潤濕它們。或者可以用喝完的軟木塞替代……還有什麼比在酒瓶裡發現軟木塞碎片更令人崩潰的呢？

一旦開瓶，如何保存？

很抱歉，這好像剝奪了你想快快喝完這瓶美酒的藉口。原則上開瓶後仍然可以保存幾年。只是要小心，有些原料的風味會隨著時間而變化，有時候是好的變化，有時則不見得……請務必檢查酒瓶中酒液的高度，如果瓶內空氣過多，會讓琴酒氧化。

這裡提供兩種解決之道：
- 借用一些孩子的玻璃彈珠加到酒瓶裡。
- 把喝剩的酒換到較小的瓶子裡，別忘了在瓶身貼上正確資訊。

瓶塞的功能

過去很長一段時間裡，琴酒以瓶蓋封瓶，但現在越來多酒廠使用軟木瓶塞，也通常是高品質的象徵。

什麼是軟木？

軟木由栓皮櫟樹皮製成，是地中海西部盆地的典型樹種。軟木不僅 100% 天然、可再生、可生物分解，還是一種耐腐蝕、隔絕溫度、防水、有彈性又可壓縮的輕盈材質。優點不勝枚舉，用來製作琴酒瓶塞更是理想。

軟木塞如何製成？

1	**2**	**3**	**4**	**5**
剝樹皮	乾燥	運送	煮沸	裁切
就是去除樹的外皮，這個步驟每隔九年進行一次。	樹皮剝完後堆放一起，置於戶外晾曬一年。	將樹皮運送到軟木工廠。	為清洗樹皮將其浸泡沸水中。	將樹皮切成條狀，用於製作瓶塞。

喬治爺爺小叮嚀：軟木塞與軟木塞 2.0

傳統軟木塞至今仍然存在，但也有複合材質或合成材質製成的現代版軟木塞，質地中性，不影響酒體，也無染色問題……然而，仍須持保留態度，因為現代版軟木塞無法回收再利用！

瓶蓋與軟木塞孰優孰劣？

如果看到琴酒使用旋轉瓶蓋，請不要大驚小怪，這其實很常見。旋轉瓶蓋的發明比軟木塞還晚，那是 1960 年代的事。你可能覺得旋轉瓶蓋打開時少了軟木塞的悅耳，但兩者的作用不分軒輊：都能保護愛酒免於外來影響。現在的消費者認為精品一定會使用軟木塞，故好像成了品質保證，但這觀念根本只是種心理作用。

軟木塞斷裂怎麼辦？

軟木是一種隨時間而變化的材質。因此，打開存放數年的琴酒時大意不得，一個不小心軟木塞就會斷裂。若不幸發生，不要驚慌，你只需要幾項法寶：一個清洗乾淨並晾乾的空瓶、用以濾除酒瓶裡的軟木碎片的小濾網（或咖啡濾紙）、葡萄酒開瓶器，用以拔除卡在瓶口的斷裂軟木塞——盡量垂直一口氣，若是在瓶塞與瓶身之間交互使力，只會讓瓶塞更容易斷裂。

用什麼代替斷掉的軟木塞？

如果你的軟木塞已斷裂，也把瓶裡的碎片取出來了，現在必須找個東西塞住酒瓶。永遠不可以讓琴酒瓶沒有瓶塞！你可以使用下列兩項代替：

葡萄酒瓶的軟木塞。　　喝完的琴酒瓶軟木塞。

再不濟，用保鮮膜加橡皮筋作個應急措施，防止昆蟲在你的寶貝琴酒裡自殺。

封蠟瓶塞的琴酒瓶！

總有一天，你會遇上封蠟軟木塞。封蠟瓶塞看起來美觀，不過如果沒經驗，還真不是普通地難對付！

1 用葡萄酒開瓶器戳穿封蠟。

2 將軟木塞拔出一半。

3 未免蠟屑掉入瓶中，請用小刀將蠟仔細刮除。

4 將軟木塞完全拔出。

5 記得留下瓶塞以便重新塞回酒瓶。

酒瓶永遠立正站好！

烈酒與葡萄酒不同，保持酒瓶直立非常重要。因為琴酒的酒精濃度強勁，軟木塞根本毫無招架之力。其結果就是酒精會腐蝕軟木塞，讓琴酒風味變質。

當心行銷陷阱

琴酒這高貴的產品通常以傳統工藝製造,但也並非不二定律。

購買琴酒時,要當心那些過分美好浪漫的故事……有時只是用來掩飾難以下嚥的劣酒。

故事總是動人

所有品牌都熱衷說故事,當然是根據一些可驗證的真實細節編造,但也足以讓人懷疑為了美化故事而加油添醋的真實性。

包裝上大做文章

有些品牌總會在包裝盒上得意洋洋地標上「優等」、「特優」、「珍藏」或其他浮誇的形容詞。很多時候,這些讚美詞與酒瓶裡的東西無關。更不用說那些在包裝上大做文章以吸引目光的酒商了。他們推出汽油桶、燒瓶、雕像等等奇形怪狀的酒瓶,只為了提高銷量。

讓人目不暇給的酒標

如果有哪種烈酒的酒標永遠不乏創意,那無疑是琴酒了。不管顏色、插圖、品名都精彩絕倫。由於無法標上令人肅然起敬的年分,於是生產商不得不施展妙計,以免被遺忘在貨架深處!

關於假琴酒!

英吉利海峽對岸的一些英國生產商天馬行空的創意,以致衍生出「假琴酒」的問題。但如果少了杜松子的香氣,還能稱為琴酒嗎?雖然可以標示「植物烈酒」上市,但有些生產商還是偏好使用更有利銷售的「琴酒」稱號,才能賣得更好。

沒有那麼工藝的琴酒……

各廠牌都在推銷「工藝」琴酒,標榜純熟的手工技藝製作。但你得擦亮眼睛,因為工藝的風潮主要是想賣得嚇嚇叫,而且價格更高。

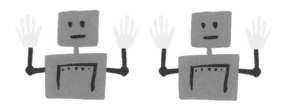

明星光環加持

一些品牌無不砸重金請明星宣傳代言，企圖讓人相信這些聞名國際的大人物也喜愛他們家的琴酒，但其實最有價值的是他們拿到的支票。有些明星倒是投資過琴酒品牌。萊恩・雷諾斯（Ryan Reynolds）就曾經是飛行琴酒（Aviation）的老闆之一，2020 年才轉售給烈酒巨頭帝亞吉歐（Diageo）。

越來越奢華的禮盒套裝

如今不少琴酒品牌都用盡心思在包裝設計上，讓你以為剛才買的是精品。這種趨勢其實與琴酒在歷史上是窮人飲料的形象背道而馳。

法國艾凡法規的重點

法國於 1991 年通過「艾凡法規（Loi Évin）」，旨在防治酗酒和吸菸，其中規範法國的酒類廣告。簡言之，具體內容如下：

• 禁止在青少年刊物刊登菸酒廣告。禁止在週三整日與其他週間下午五點至半夜十二點時段在廣播節目播放菸酒廣告。

阿爾吉利亞的巴貝略德（Bab El Oued）也有倫敦辛口琴酒！

不要根據酒標判斷琴酒產地！倫敦辛口琴酒是琴酒的種類，但在法國克勒茲（Creuse）、日本甚至好萊塢製作這款琴酒也不是問題。

遇到產地騙局不意外！

如果你買到一瓶酒標上號稱首瓶在香港製造的琴酒，那有可能是騙局，海關早已證實這一消息。事實上，該琴酒來自紐西蘭，貼上「香港」的標籤而已。

獎牌多的讓人不知所措⋯⋯

有些琴酒為了證明自己舉世無雙，會自豪地標上贏得的獎項。即使這些獎牌真有其價值，也不代表這瓶琴酒符合你的口味！

• 禁止在電影院和電視台播放菸酒廣告。

• 禁止向未成年者發送任何提及或宣傳酒精飲料的文件及物品。

• 禁止在體育場所或運動機構販售、發送或介紹酒精飲料。

琴酒的價格

供需法則也適用於琴酒世界。好消息是，優質琴酒有親民價格；壞消息是，琴酒也越來越來貴。

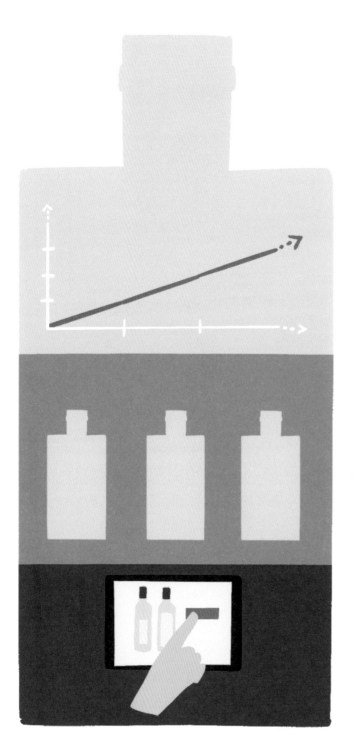

銷售額不斷攀升

目前法國最活躍的烈酒新星，琴酒當之無愧。雖然只占烈酒市場的 4%，但正穩步成長，超市銷售額已經成長 25%，某些高檔琴酒甚至有 30% 的成長率。

仔細檢視琴酒的價格

當你以 15 歐元購入一瓶琴酒時，你可能會認為大部分都進了該廠牌的口袋，但事實並非如此。大部分都上繳國庫，以下是稅收項目：

• 消費稅，以銷售時的純酒精含量計算：2022 年時每一百公升純酒精徵收的稅約 1806.28 歐元。
• 社會保險稅：每一百公升純酒精約為 579.96 歐元。
• 增值稅：銷售價格的 20%。

最後剩下大約 3 歐元由賣家、經銷商和廠牌互相瓜分。

投資琴酒是否有理？

即使琴酒聲勢看漲，但要提防那些迫不及待建議你投資這個當紅酒款的公司，即使是限量生產的琴酒。同時對於要你貸款投資琴酒廠股權的方案也要謹慎。近年來已有許多品牌橫空出世，所以市場可能很快會飽和。

有價廉物美的琴酒嗎？

與其他烈酒相比，琴酒更經濟實惠（大約便宜兩、三成）。30 至 50 歐元的預算找到好酒是完全可能的！

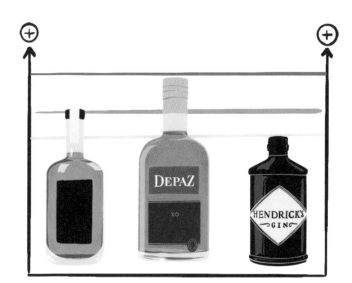

空琴酒瓶炙手可熱！

琴酒品牌正不遺餘力推出令人眼睛一亮的包裝。對於喜歡琴酒的你來說，有個好消息是許多琴酒愛好者會蒐購空琴酒瓶裝飾家中。這就是所謂的「升級再造（upcycling）」，在社群網站上很紅而蓬勃發展。一瓶沒喝過的琴酒平均價格是 38 英鎊，而空酒瓶在 Ebay 網站上的平均售價是 11.98 英鎊。幾乎可以補貼三分之一的酒錢了！

琴酒也可陳年嗎？

琴酒裡含有杜松子和其他植物性香料，會隨著時間而變化。以植物為基底的蒸餾液，隨著時間推移，有機成分逐漸分解，幾年後又會產生新的風味組合。有時候會創造出風味獨特的酒液，但有時則差強人意特別是如果酒瓶沒有正確存放的話……

琴酒也能上餐桌！

琴酒佐餐的機會比葡萄酒甚至威士忌都少，但琴酒完全可以與佳餚共譜美好樂章。它的清新甚至能讓菜餚更可口。如此令人齒頰留香的神奇佐餐酒，一定能讓座上嘉賓驚喜連連。但要注意別搭配錯誤，否則不只會讓你的主菜砸鍋，連琴酒也會一併糟蹋了！

晚餐來喝琴酒

想像琴酒的風味，往往會認為當開胃酒較合適。其實，只需要用點巧思和創造意，琴酒也可以當成餐酒。

琴酒與菜色搭配的訣竅

琴酒的風味範疇比葡萄酒更繁複，其實與菜色相得益彰的機率與融合更勝葡萄酒。當與較為濕潤的食物搭配時，琴酒酒味濃淡與整體香氣也會有明顯的變化。以下幾個方式能讓琴酒與食材結合更臻完美。

1

截長補短

好吃的食物能提升琴酒的口感，
反之亦然。

2

巧妙對比

味道厚重的料理
搭配甜美帶花香氣息的琴酒。

3

異曲同工

找出料理與琴酒的共同香氣。

開動的順序

先從你想品嘗的開動即可，但還是建議先吃東西，再喝一口琴酒。這樣更能品味琴酒的甘醇，入口也比較不嗆辣，尤其搭配帶點油脂的料理。

廚師的良言

在料理中加入一點琴酒（用於醬汁、焰燒嗆香等），即可在餐盤與酒杯之間自然地搭起美味的橋樑。

為什麼酒讓人胃口大開？

眾所周知，酒令人開胃，這也是二十世紀初幾個開胃酒品牌的廣告詞。法文的開胃酒「apéritif」一詞來自拉丁文動詞「ouvrir」，意思即為「打開」。但是為什麼酒能開胃呢？2015 年的《健康心理學》（*Health Psychology*）以科學證明了這一點：酒精降低了自我控制和抑制的行為能力。就這麼簡單！

還能避免食物中毒！

2002 年發表在《流行病學》（*Epidemiology*）雜誌上的一項研究表明，吃飯時多喝葡萄酒、啤酒或烈酒的人感染沙門氏菌的風險較低──知道一下總是好的。

琴湯尼該搭配什麼食物？

想在餐桌上體驗琴酒的魅力嗎？琴湯尼（Gin Tonic）搭配美食會比單純琴酒佐餐來得平易近人！

餐酒新感受

認為琴湯尼只適合單喝的人就大錯特錯。許多菜餚都可以搭配琴湯尼讓美味升級。琴湯尼不僅能挑起食欲，還能提供全新的味覺感受。琴湯尼襯托美食的風味，也能擔任配菜的角色，或者兩者兼具。完全是充滿驚喜的組合搭配。

苦味與食欲息息相關

古羅馬人會喝開胃飲料。他們有個飯前飲用浸泡了苦味草本葡萄酒的習慣，旨在為了消化食物做準備，並減輕過量飲食的不良後果。但最近的一項科學研究（2011 年）推翻了這項說法。比利時研究人員發現，胃部分泌的飢餓素（ghrelin，食慾激素）由苦味受體控制，並與 α 味導素（α-gustducin），也就是參與苦味信號傳遞的蛋白質合作。簡單地說，苦味會使人胃口大開！

與琴湯尼相搭的美味組合

適合琴酒中主要植物性香料的食物搭配範例：

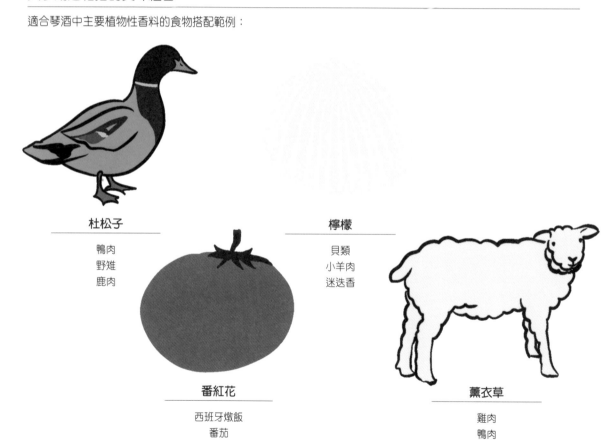

杜松子

鴨肉
野雉
鹿肉

檸檬

貝類
小羊肉
迷迭香

番紅花

西班牙燉飯
番茄
魚類

薰衣草

雞肉
鴨肉
小羊肉

檸汁醃鱸魚

所需食材

鱸魚片 300 公克
紫洋蔥 1 顆
紅辣椒 1 條
萊姆 1 顆
烤玉米或玉米片
克里曼丁紅橘 4 顆（或柳橙 2 顆）
香菜油
香菜 1 把
葡萄籽油 100 毫升

料理步驟

1. 準備醃檸汁的魚塊：先將鱸魚片切成小塊。
2. 加入萊姆皮、萊姆汁和克里曼丁紅橘或柳橙汁。
3. 製作香菜油：香菜切粗末與葡萄籽油混合，加熱到 80℃關火，然後濾掉香菜。
4. 將魚肉分裝到碗中。最後加入香菜油、切碎的紅洋蔥、辣椒和烤玉米。
5. 上桌享用之前請先冷藏。

> 琴酒的柑橘香氣可以完美襯托柑橘酸香的菜色，也與鱸魚片形成美味拍檔。

英式小黃瓜三明治

所需食材

新鮮山羊乳酪 200 公克
吐司 8 片
黃瓜 1 條
蝦夷蔥 1 束
粗鹽 1 撮
鹽與胡椒粉

料理步驟

1. 黃瓜削皮之後，縱向切成兩半，挖除種子，然後再切成非常薄的片狀。把黃瓜片放在濾水籃中，加入粗鹽拌勻並放置 30 分鐘後瀝乾水分。
2. 將蝦夷蔥切碎，吐司切邊。山羊乳酪與一半的蝦夷蔥放入碗中拌勻，加入鹽和胡椒粉調味。
3. 仔細用清水洗掉黃瓜片鹽分，瀝乾後用布擠去水分。
4. 吐司抹上剛才混合好的蝦夷蔥乳酪（分別留一點蝦夷蔥與乳酪作裝飾），再鋪上黃瓜片，蓋上另一片吐司。最後將三明治對切。
5. 將剩餘的蝦夷蔥末放在小盤子裡。在三明治的邊緣抹上剩餘的乳酪，再沾取盤子裡的蝦夷蔥末點綴。

喝琴酒該搭配什麼食物？

用威士忌來代替葡萄酒佐餐已經屢見不鮮，但琴酒還有待發展。
事實上，琴酒與陳年烈酒不同，擁有更多值得發掘的風味，相形之下也更有趣呢！

琴酒搭海鮮

　　琴酒的柑橘香氣與魚類、海鮮是天作之合。煙燻鮭魚、蝦、淡菜、生蠔……甚至還可以用一杯琴酒搭配薑泥和芫荽烤蝦串！

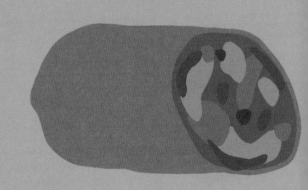

琴酒搭豬肉製品

　　歷史上常見以香草和香料醃製豬肉，不只能防止變質，也讓風味更上一層樓。醃肉時常見的香料如黑胡椒、茴香與琴酒中常見的肉桂、柑橘和香草也是絕配，能讓豬肉製品吃起來沒那麼油膩。

琴酒搭橄欖

　　如果要完美搭配，可以選擇含有橄欖原料的琴酒。例如西班牙瑪芮琴酒（Gin Mare）或歐莉琴酒（Oli'Gin）。以琴酒為基酒的馬丁尼經常使用橄欖作為裝飾，髒馬丁尼（Dirty Martini）甚至還加入醃橄欖的鹽水。

琴酒搭乳酪

　　忘了葡萄酒吧！通常出現在開胃小點的以硬質與味道濃明顯（但不會太濃烈）的乳酪為主，如曼切戈乳酪（Manchego）、煙燻乳酪或山羊乳酪，與琴酒微妙的辛辣非常契合。

琴酒搭羊肉

烹調羊肉時，經常使用含有迷迭香、薄荷和大蒜的重口味辛辣醃料，也是整道菜的主要風味。與料理野味一樣，用紅色漿果和杜松子烹調羊肉，也給搭配黑刺李琴酒（Sloe Gin）一個絕佳的藉口。

琴酒搭咖哩

雖然這種搭配經常有人不置可否，但琴酒的清新有助於平衡香料的濃重並淨化味覺。一般來說，印度菜通常與琴酒非常速配。

琴酒搭巧克力

雖不如蘭姆酒和巧克力之百搭那麼廣為人知，但不妨試試吃巧克力時搭杯琴酒。所有類型的琴酒都適合，但有些組合特別搭；琴酒的草本香味與白巧克力的甜味；黑巧克力則與具有強烈杜松子和柑橘味的琴酒相得益彰。

琴酒搭大黃

歐白芷根賦予琴酒木質芳香，與大黃可說是絕佳拍檔，尤其是甜滋滋的大黃甜點。事實上，一些酒廠生產大黃琴酒是有原因的！

琴酒拿手菜

琴酒風味完整、含有多種植物性香料，應用極廣，在料理中軋一角綽綽有餘。
不妨大膽發揮創意，讓菜餚脫胎換骨！接下來示範從簡單到複雜的菜色。

琴酒番茄貝殼麵

所需食材（四人份）

洋蔥 1 顆
蒜頭 2 瓣
成熟番茄 1 公斤
橄欖油 1 大匙
番茄糊 2 大匙
香草束 1 把（百里香、奧勒岡）
琴酒 120 毫升
貝殼麵 300 公克
200 公克莫札瑞拉乳酪 2 顆
小番茄 300 公克
芝麻葉 1 把
鹽、胡椒

料理步驟

洋蔥和大蒜切碎，番茄切成塊狀。深鍋中倒入油熱鍋，放入大蒜和洋蔥炒至出水、呈半透明狀（約 2 分鐘）後，加入番茄糊，大略翻炒一下。接著，加入剛才切好的番茄塊和香草束，加蓋燉煮約 20 分鐘。打開鍋蓋確認，偶爾攪拌一下，再煮 20 分鐘。將鍋子離火，取出香草束後，加入琴酒並用鹽和胡椒粉調味。

接下來，貝殼麵放入一定量的鹽水中煮約 8 分鐘。同時將烤箱預熱至220℃。瀝乾貝殼麵，放在廚房布巾上晾乾。取一個大烤盤，鋪上一半的番茄醬汁。把貝殼麵分層放在醬汁上，開口朝上。莫札瑞拉乳酪切成小塊，鋪在麵上。最後倒入剩餘的番茄醬汁，並以小番茄裝飾。送入烤箱，烤 20 分鐘。食用前加入芝麻葉。

琴湯尼蛋糕

這是個名字會讓賓客哄堂大笑的食譜，不過，嘗過的人通常都會想再來一份！
這個食譜來自部落格「琴酒夫人（Madamegin）」，步驟可能看起來有點複雜，
但只要你時間充裕，絕對值得一試！

所需食材（18 人份）

【蛋糕體】
乾燥杜松子 4 小匙
糖 500 公克
+ 少許用來磨碎
軟化奶油 250 公克
+ 少許用來塗烤模
麵粉 750 公克
+ 少許用來鋪烤模
小豆蔻粉 2 小匙
小蘇打粉 1/2 小匙
食鹽 1/2 小匙
大顆常溫雞蛋 4 顆
磨碎的萊姆皮
（約 3 顆大萊姆）4.5 小匙
香草精 1 小匙
白脫牛乳 250 毫升
（使用前先搖勻）
琴酒 30 毫升

【琴湯尼糖漿】
杜松子 1 大匙
細砂糖 125 公克
通寧水 125 毫升
琴酒 2 大匙

【琴酒與萊姆糖霜】
糖粉 375 公克
萊姆汁 1 大匙
琴酒 1 大匙
玉米糖漿 1 小匙
食鹽 1 小撮

【裝飾】
萊姆皮碎

料理步驟

【蛋糕體作法】
1. 烤箱預熱 160℃。
2. 取一個直徑 25 公分的圓形烤模抹上奶油。少量麵粉過篩入烤模中，使烤模內壁沾滿麵粉。敲敲烤模，倒掉多餘的麵粉。
3. 在平底鍋中用中火烘烤杜松子約 2 分鐘後離火，放置一旁冷卻。
4. 將烤過的杜松子和 1 大匙糖放入研磨器中磨成粉末。
5. 取一個大碗，倒入杜松子與糖和奶油混合，攪拌器攪打至輕盈蓬鬆的質地。
6. 另外將麵粉、小豆蔻粉、小蘇打粉和鹽放碗中拌勻。放置一旁備用。
7. 雞蛋一個個打入步驟 5 的糖混合物中，每次添加後須再次攪拌均勻，必要時刮一下碗壁。
8. 接著放入萊姆皮繼續攪拌，再倒入香草精。
9. 用橡皮刮刀或大金屬勺將白脫牛乳和步驟 6 的麵粉混合物加入糖混合物中。一次先加一點麵粉，然後加一點白脫牛乳，如此分幾次慢慢加完。最後加入琴酒拌勻（麵糊可能會凝結，這是正常現象）。
10. 用刮刀將麵糊倒入塗了奶油和麵粉的烤模中，並將麵糊抹平。入烤箱烤（約 70 分鐘），以刀尖插入蛋糕中心，拔出時若刀尖乾淨，而且蛋糕邊緣開始與烤模分離即可。
11. 從烤箱中取出蛋糕。用刮板將蛋糕先從烤模內壁與中空處周圍分離後，讓蛋糕留在烤模中 10 分鐘，放在網架上。

【糖漿作法】
1. 等待蛋糕冷卻時，準備琴湯尼糖漿。用搗杵將杜松子磨碎，放在湯鍋裡，加入糖和通寧水，以中火煮沸，攪拌使糖溶解。讓鍋子持續沸騰，直到鍋中液體收乾一半（約 5 分鐘）。離火，用細篩網將糖漿過濾到另個容器中。丟掉杜松子。將琴酒加入糖漿中拌勻。
2. 蛋糕冷卻 10 分鐘後，放在架了鐵網的烤盤上脫模。用叉子在蛋糕表面戳孔。
3. 將琴湯尼糖漿緩緩地倒在仍然溫熱的蛋糕上。
4. 讓蛋糕吸收糖漿，然後重複一次這個步驟。
5. 將蛋糕放置在鐵網上冷卻。

【糖霜作法】
1. 用篩網將糖粉篩入碗中。另取一小碗，將萊姆汁、琴酒、玉米糖漿和鹽混合。使用攪拌器，將液體慢慢加入糖碗並攪打直至糖霜變得光滑。
2. 如果糖霜太厚，可以依據個人喜好加入一點萊姆汁或琴酒。將糖霜漸次淋在蛋糕上，讓多餘的糖霜自然流淌到蛋糕側面。最後撒上萊姆皮碎點綴。

琴酒調酒大觀

談論調酒時怎麼可能不提到琴酒？琴酒是眾多經典調酒愛不釋手的元素。與威士忌或蘭姆酒等褐色酒相比，琴酒在調酒中的風味雖然不是那麼突出，但比伏特加多了一抹風韻。琴酒帶來的強烈底蘊和細緻的芳香，能徹底改變調酒的風采！而且絕對不能找藉口說，只是杯調酒就摻入廉價琴酒！

在酒吧如何挑選琴酒？

當你置身酒吧，想來杯琴酒或以琴酒為基酒的調酒時，以下是需要注意的幾個細節，以確保享有最佳體驗。

今晚你想來點什麼氣氛？

琴酒酒吧當然不只一種。有些會打出「專家」名號，其陣仗會讓英國人羨慕不已。而另一些則比較正統，提供各種量身訂製出適合你口味的琴酒。

必看必喝：新加坡阿特拉斯酒吧（Atlas Bar）

想在不可思議的裝飾藝術風格中坐擁千百種琴酒，並愜意地喝上一杯？這就是新加坡阿特拉斯酒吧的獨特饗宴，櫃檯盡頭巍峨聳立著像大教堂祭壇般的琴酒高塔，這些琴酒來自 40 多個國家⋯⋯高達 1400 種酒款！

地　　址：600 North Bridge Rd, Parkview Square, Singapour, 188778.

銅灣（CopperBay）

有些酒吧的琴酒選擇多得令人眼花撩亂，但銅灣決定往客製路線努力。怎麼做？他們與巴黎蒸餾廠（La Distillerie de Paris）合作，研發專屬琴酒。一款帶有普羅旺斯花香和茴香風味的琴酒，是獻給地中海的禮讚。就像酒吧的名字一樣。
地址：5, rue Bouchardon, Paris 75010.
36, boulevard Notre-Dame, Marseille, 13006.

青鳥（Bluebird）

青鳥酒吧以布考斯基（Charles Bukowski）的詩為靈感，營造出 1950 年代的氛圍，並主要提供琴酒調酒。不要看到酒吧裡令人印象深刻的水族箱就興奮不已，我們是為了調酒才來的！
地址：12, rue Saint-Bernard, Paris, 75011.

老虎（Tiger）

老虎酒吧備有 100 多種琴酒，還有 1040 種琴酒與通寧水的搭配組合，是世界首屈一指的琴酒酒吧。位於熱鬧非凡的聖日耳曼德佩區。琴酒愛好者必訪，無論是純飲或調酒都在水準之上！
地址：13, rue Princesse, Paris, 75006.

聖保羅 40 號（40 St Pauls）

多次被評為全世界最棒的琴酒酒吧，只有 24 個座位。隱密不好找，氛圍更是神秘，以琴酒為經營主軸。由專人講解品酒，以琴酒搭配乳酪和巧克力作為搭配，並有 140 多種琴酒任君選擇。是全方位探索琴酒的不二之地。
地址：40 Cox St, Birmingham B3 1RD.

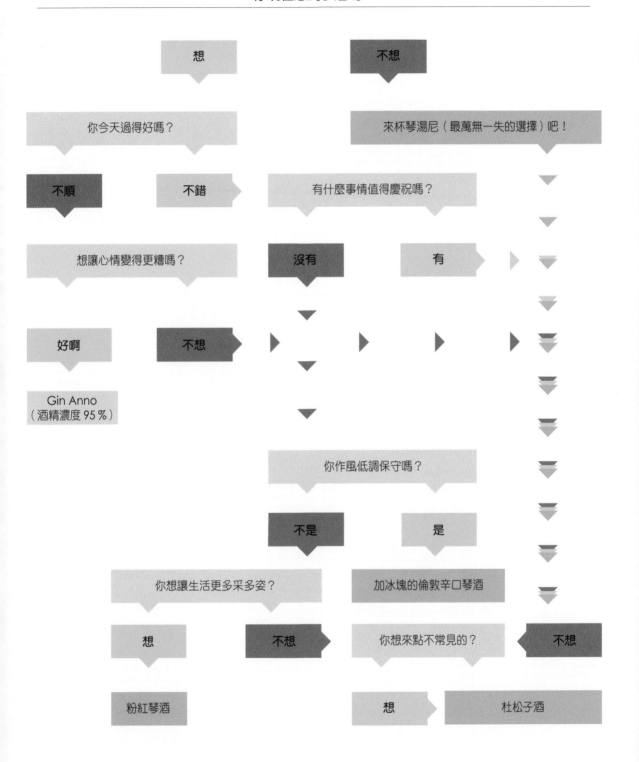

調酒的基本工具

要享用調酒，當然要去酒吧，但也可以在家裡小試身手。
只要掌握基本技術並配備基本工具就能成功，技驚四座！

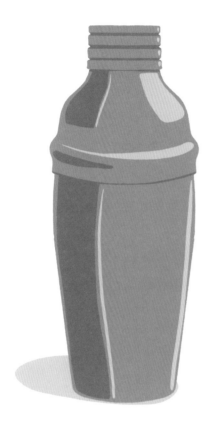

雪克杯

　　談到調酒時，首先想到的一定是雪克杯。這個工具能快速降低液體溫度，並充分融合。雪克杯有幾種類型，大家最常見的是帶有濾孔的三件式雪克杯。使用方式是倒入所有原料，加入大量冰塊，蓋緊杯蓋，然後使勁搖盪直到杯壁冷卻、出現冰霜（大約 10 至 20 秒之間）。打開時，在杯蓋接縫處用力敲一下，然後從下往上用力斜推。

> **小撇步**
> 如果沒有雪克杯，使用空的果醬罐（帶蓋）或水壺也可以。

調酒杯與攪拌匙

　　有些調酒（包括經典的尼格羅尼）不用雪克杯調製，而是用調酒杯。這種技術只要輕柔攪拌就能降低液體溫度。調酒杯是一個大型玻璃杯，將原料和冰塊放入其中，然後用攪拌匙伸直抵杯底攪拌，大約 15 秒鐘就能大功告成。

> **小撇步**
> 如果沒有調酒杯，拿空果醬罐和大湯匙取代也是可以的。

酒杯也很重要！

　　好的調酒需要以好的杯子裝盛。除了影響喝酒時的口感之外，至關重要的是酒杯容量，不能太小也不能太大。最細緻的作法，是享用前冰杯，以便調酒維持更持久的清涼可口。

雙頭量杯

　　調酒就像是做甜點一樣，比例稍有差池整杯酒的味道就會跑掉。酒吧使用的是雙頭量杯。原則上（總之都要檢查一下），大的一邊是 40 毫升，小的這邊是 20 毫升。

搗棒

　　用來搗壓植物或是香料使其釋出香氣的工具，正確使用方法是繞圈按壓。記住一定要拿一個夠結實牢固而且不是高腳杯的杯子，並且搗壓時要牢牢握住。

濾冰器（彈簧式或朱利普式）

　　最主要的功能是濾出你想看（和喝）的液體至酒杯中，而把冰塊和植物或殘渣留在雪克杯或調酒杯底部。

小撇步
如果沒有雙頭量杯，請記得大多數酒瓶的瓶蓋容量約為 20 毫升。

小撇步
如果沒有搗棒，也可以用木勺。如果要使用薄荷葉，只需將其放在手掌上拍打即可。

小撇步
如果沒有調酒專用的濾冰器，可以用小漏斗或廚房用的篩網。

無可取代的經典琴酒調酒

尼格羅尼（Negroni）

尼格羅尼是一款猶如信仰般受人追捧的調酒，艷紅的色澤和令人陶醉的苦味都讓人著迷！
尼格羅尼是義大利開胃酒中最代表性的一款，調製簡單，比例與口感完美平衡。
無疑是「甜蜜生活（dolce vita）」哲學的最佳寫照！

以調酒杯調製 · 方形冰塊 · 以古典杯享用

所需材料

倫敦辛口琴酒 30 毫升
紅標甜香艾酒 30 毫升
金巴利 30 毫升
裝飾用：柳橙皮 1 條

調製方式

1. 將所有材料與冰塊放入調酒杯中。
2. 以攪拌匙攪勻。
3. 倒入裝滿大型冰塊的古典杯中。
4. 在杯緣綴上柳橙皮。

歷史典故

尼格羅尼為二十世紀初期義大利的代表調酒，是少數可追溯歷史的調酒，盧卡·皮奇（Luca Picchi）在 2006 年撰寫的《追尋伯爵足跡：尼格羅尼調酒的真實故事》（Sulle tracce del conte. La vera storia del cocktail Negroni）一書中有詳盡記載。

尼格羅尼其實是美國佬調酒（Americano）的變奏版，美國佬在過去因其誕生地而被稱為 Milano-Torino（米蘭一杜林）。尼格羅尼一名則源自佛羅倫斯的卡米洛·尼格羅尼伯爵（Camillo Negroni de Florence），也是這款調酒的推手，當初是開胃的餐前飲料。

1919 年，尼格羅尼誕生於佛羅倫斯的卡索尼酒吧（Caffè Casoni）。酒吧常客尼格羅尼伯爵因為去過美國大西部旅遊，對於混合調飲琴有獨鍾，進而希望酒保佛斯柯（Fosco Scarzelli）將他最愛的美國佬調酒調得更烈一些。

酒保靈機一動，把原本配方裡的蘇打水換成琴酒，尼格羅尼於焉誕生！為了與美國佬有所區別，他以一片柳橙取代檸檬。這款變奏版調酒自此一炮而紅，大家紛紛前往卡索尼酒吧點尼格羅尼！雖然經典的尼格羅尼已經紅了一個世紀，但最近的十年間再度引領風騷，應該是因為賣相很適合在 instagram 上分享，以及消費者重新發現苦味的迷人風韻之故吧。

馬丁尼（Martini，當然要加琴酒）

毫無疑問，這是眾多琴酒調酒中最有名的一款。馬丁尼在任何調酒書中都佔有無比的神聖地位，對於調酒師來說，也是技藝的試金石。調製出完美的「馬丁尼」就像發現聖杯般的罕見的壯舉。

以調酒杯調製 · 方形冰塊 · 以馬丁尼杯享用

所需材料

琴酒 50 毫升
不甜香艾酒 15 毫升
裝飾用：檸檬皮 1 條、橄欖 1 串

調製方式

1. 將琴酒與香艾酒倒入加了冰塊的調酒杯中。
2. 以攪拌匙攪勻。
3. 濾掉冰塊，把酒倒入事先冰鎮過的馬丁尼杯中。
4. 以檸檬皮與橄欖串裝飾杯口。

雪克杯還是攪拌匙？

調製馬丁尼，有一個萬年爭論：到底應該搖盪法（shake）還是攪拌法（stir）？自從伊恩·佛萊明（Ian Fleming）筆下的詹姆士·龐德開始點馬丁尼來喝之後，這個老問題又被浮上檯面。相對於攪拌法，搖盪馬丁尼可以讓酒快速冷卻，但以調酒杯攪拌馬丁尼倒是溫和，能輕巧地讓所有成分完美融合成韻味十足的黃金比例。

論馬丁尼裝飾物的重要性！

最後的裝飾物對馬丁尼來說很重要：橄欖、櫻桃、檸檬片或檸檬皮都可以，但要當心口味不搭。盡量與使用的琴酒風味一致！

歷史典故

馬丁尼已經跳脫單純調酒的存在，成了時尚和細緻品味的象徵，引領風騷數十年，絲毫沒有失勢。至於馬丁尼的起源則眾說紛紜，連發明者都各有其人。不過最多人同意的說法是馬丁尼可能於美國發明，據說是馬丁尼茲（Martinez）的後代。因為在加州的同名小鎮上甚至有一塊牌子，紀念 1870 年馬丁尼在朱利奧李希留（Julio Richelieu）酒吧裡誕生。

馬丁尼一開始的配方，與現代版截然不同。琴酒和甜香艾酒的比例為一比二，甚至一比一（不像今天使用不甜的基酒）。還加了糖漿和苦精，調製出的酒因而甜得多。然而，在二十世紀，比例變化有利於琴酒，甚至有不用攪拌混合讓香艾酒達到若有似無口感，也就是俗稱的「裸體馬丁尼（Naked Martini）」。

專業建議

馬丁尼乍看出乎意料地簡單，但調製完美並非易事。首先需要很多品質好又夠冰的冰塊。如果已經潮掉或略微溶化，會讓酒液濃度不足喝起來像被稀釋掉而不夠味。依據個人口味，選擇不同的琴酒、苦艾酒和裝飾物，也會讓調酒的口味更豐富多元。請確保酒杯是直接從冷凍庫中取出的，如此才能維持冰涼口感。

勃固俱樂部（Pegu Club）

一款極經典的琴酒調酒，當英國與緬甸兩個世界相遇之際，一間誕生緬甸當地的傳奇俱樂部。

以雪克杯調製 · 方形冰塊 · 以馬丁尼杯享用

所需材料

倫敦辛口琴酒 40 毫升
庫拉索橙酒（curacao orange）15 毫升
新鮮萊姆汁 15 毫升
橙味苦精 3 滴
安格士苦精 3 滴
裝飾用：萊姆一片

調製方式

1. 將琴酒、庫拉索橙酒、萊姆汁、
   苦精和冰塊倒入雪克杯。
2. 充分搖盪。
3. 過濾後倒入雞尾酒杯中。
4. 用萊姆片裝飾杯緣。

歷史典故

　　勃固俱樂部誕生於大英帝國邊陲的緬甸，是一款散發異國情調的經典調酒，名稱源於同名的俱樂部。事實上，勃固俱樂部調酒就是開始從緬甸的仰光開始發光發熱。

　　勃固俱樂部調酒的歷史也涉及英國的殖民野心。英國人在 1852 年時全面控制緬甸，二十年後，仰光的勃固俱樂部成為英國軍官的聚集交流地。俱樂部為英國人創了一款招牌調酒：風味強烈卻清爽，帶有一絲酸甜，非常適合炎熱的天氣。

　　這款勃固俱樂部的調酒很快就大受歡迎，甚至揚名海外，在原創國之外也大受好評。關於它最早的文字記載可以在哈利·麥克艾爾馮（Harry MacElhone）1922 年出版的《調酒 ABC》（*ABC of Mixing Cocktails*）中找到。1940 年英國人離開緬甸，俱樂部也隨之關門。

勃固俱樂部還在嗎？

傳奇調酒師奧黛麗·桑德斯（Audrey Saunders）為了延續這個名字費盡心力。2005 年她在曼哈頓開了勃固俱樂部，還複製了這款經典調酒（改良了原始配方）。只是很不幸，這間勃固俱樂部於 2018 年吹熄了燈號。

琴蕾（Gimlet）

曾經是為了治療英國水手缺乏維生素而研發出的藥水，後來享譽全球，也讓精緻調酒的愛好者愛不釋手。

以雪克杯調製 · 方形冰塊 · 以馬丁尼杯享用

所需材料

倫敦辛口琴酒 50 毫升
萊姆汁 25 毫升
糖漿 20 毫升
裝飾用：新鮮萊姆 1 片

調製方法

1. 將琴酒、萊姆汁、糖漿和冰塊倒入雪克杯。
2. 使勁搖勻。
3. 過濾後倒入雞尾酒杯中。
4. 用萊姆裝飾杯緣。

歷史典故

　　十九世紀時，英國軍官喝起了琴蕾調酒；他們特別喜歡喝柑橘汁以預防壞血病。這個調酒名便來自一名軍官：海軍准將湯瑪斯·德斯蒙德·琴蕾特（Thomas Desmond Gimlette）爵士。他是軍醫，照顧船上軍官的健康時，在琴酒中加入檸檬掩蓋苦味。

　　另一方面，英國水手們都配給蘭姆酒，也習慣混著喝。他們消耗這種「藥」的數量驚人，甚至被冠上「Limeys」（小萊姆）的綽號。

　　琴蕾獲得成功的另一個重要功臣則是玫瑰牌萊姆汁（Rose's Lime）。最早於 1867 年由蘇格蘭企業家洛克蘭·羅斯（Lauchlan Rose）生產，徹底改變了果汁的運輸和消費方式。羅斯為其生產過程申請了專利，並通過法令要求所有英國船隻必須攜運萊姆汁，作為船員的日常配給。

《薩伏伊調酒手札》配方

琴蕾的原始配方（一半普利茅斯金酒和一半濃縮萊姆汁）使用 Cordial 這種濃縮萊姆汁製成，在法國不易買到，因此外行人做起來很複雜。這裡以一般萊姆汁取代，比較容易在家裡調製，不過與《薩伏伊調酒手札》（The Savoy Cocktail Book，1930）中的原始版本有出入。

臨別一語（Last Word）

這款調酒的東山再起，拜當代調酒師對夏翠絲蕁麻酒（Chartreuse）的狂熱所賜。

以雪克杯調製　·　方形冰塊　·　以馬丁尼杯享用

所需材料

琴酒 45 毫升
黑櫻桃酒（Maraschino）15 毫升
綠色夏翠絲蕁麻酒
萊姆汁 15 毫升

調製方法

1. 將所有材料倒入裝有冰塊的雪克杯中。
2. 使勁搖勻。
3. 過濾後把酒倒入馬丁尼杯中。

歷史典故

　　「臨別一語」調酒於禁酒令時期誕生，最早出現在 1920 年代初期一間叫底特律運動俱樂部（Detroit Athletic Club）的酒吧。

　　這款調酒在美國的酒吧和俱樂部中風光了幾十年，甚至在 1951 年被寫進泰德·索希埃（Ted Saucier）的《乾杯》（Bottoms Up）一書中，但隨後成為過眼雲煙。

　　直到 2005 年才又敗部復活，這要歸功於西雅圖鋸齒咖啡館（Zig Zag Café）的穆雷·史坦森（Murray Stenson）。「臨別一語」立即一炮而紅，連紐約也難敵其魅力。這款調酒含有備受調酒師青睞的綠色夏翠絲蕁麻酒，無疑也是成功的關鍵。這款利口酒是由加多森會（Ordre des Chartreux）修士用 130 種不同的草藥製成，具有強大的藥性和濃冽芳香，與禁酒令時期使用的劣質琴酒形成強烈對比，也因此能在調酒中掩飾琴酒不討喜的味道。

「臨別一語」的原始配方

琴酒 30 毫升
萊姆汁 30 毫升
綠色夏翠絲蕁麻酒 30 毫升
黑櫻桃酒 30 毫升

與冰塊一起搖勻，過濾後倒入雞尾酒杯中。摘自羅伯特·赫斯（Robert Hess）的《調酒師基本指南》（The Essential Bartender's Guide · 2008）

新加坡司令（Singapore Sling）

在新加坡女性被拒於酒精飲料門外的年代，一位調酒師的靈光乍現，創造出新加坡司令！

以雪克杯調製 · 方形冰塊 · 以颶風杯享用

所需材料

琴酒 30 毫升
鳳梨汁 120 毫升
櫻桃白蘭地 15 毫升
萊姆汁 15 毫升
班尼狄克丁藥草酒
（Bénédictine DOM）10 毫升
君度橙酒 10 毫升
紅石榴糖漿 10 毫升
安格士苦精 3 滴
氣泡水
裝飾用：新鮮水果

調製方式

1. 將氣泡水以外的材料倒入裝有
   冰塊的雪克杯中。
2. 搖勻。
3. 過濾後把酒倒入颶風玻璃杯
   中，並加滿氣泡水。
4. 用新鮮水果裝飾。

歷史典故

　　新加坡司令調酒是二十世紀初，由調酒師嚴崇文（Ngiam Tong Boon）在萊佛士（Raffles）酒店發明的。當時萊佛士酒店以時尚裝潢、熱帶花園和異國情調聞名，成為名流富紳的度假勝地。新加坡的殖民時期，酒店中腰纏萬貫風度翩翩的客戶群對這款女性市場導向的調酒情有獨鍾。

　　那個年代，男性要喝多少杯琴酒都不是問題，但女性就完全不同了：公共場合禁止婦女飲酒，所以她們只好喝果汁和茶。年輕的調酒師嚴崇文心生一計，決定發明一種看起來像果汁的調酒，這樣女士們就可以毫無顧忌地買醉了。

　　原始配方在 1930 年代不知去向，也導致後人對新加坡司令的真正成分產生議論，足見其當之無愧的傳奇性。新加坡司令的粉絲眾多，不乏知名人士：查爾·貝克（Charles Baker）在 1939 年的《紳士的伴侶》（*The Gentleman's Companion*）一書中描述為「一種美味、酒氣溫吞後勁強的小搗蛋」。

飛行（Aviation）

這是一款不需搭乘老飛機就能帶你直上九霄雲外的調酒配方。

以雪克杯調製 · 方形冰塊 · 以馬丁尼杯享用

所需材料

琴酒 50 毫升
黑櫻桃酒 15 毫升
紫羅蘭利口酒 15 毫升
新鮮檸檬汁 15 毫升
裝飾用：櫻桃 1 顆或檸檬皮一條

調製方法

1. 將所有材料倒入裝有冰塊的雪克杯中。
2. 搖勻。
3. 倒入冰鎮過的雞尾酒杯中。
4. 用櫻桃或檸檬皮裝飾。

歷史典故

　　別出心裁的「飛行」調酒於 1916 年首次發表在雨果·恩斯林（Hugo R. Ensslin）的《混合酒飲配方》（*Recipes for Mixed Drinks*）一書中。

　　哈里·克拉多克（Harry Craddock）在 1930 年出版的《薩伏伊調酒手札》中也刊登了「飛行」的配方。不過哈里的配方略有差異，因為他省略了紫羅蘭利口酒，可能是因為較難取得。 儘管四十年來市面上都沒有這種利口酒，但「飛行」調酒仍然供應無虞……即使少了一種主要成分。

　　直到 2007 年，紫羅蘭利口酒才在美國市場上重出江湖！只是關於是否應該使用紫羅蘭利口酒的爭論，如今依然沒有罷休。 無論如何，它確實賦予調酒一抹獨特的天藍色澤。

《薩伏伊調酒手札》中的原始配方

辛口琴酒 50 毫升
黑櫻桃酒 20 毫升
檸檬汁 15 毫升

專業建議

這款調酒的適飲溫度必須極低。冰鎮酒杯必不可少。為了達到完美口感，最好使用雪克杯調製，如此第一口就能感受其魅力衝擊。

拉莫斯琴費茲（Ramos Gin Fizz）

這是一款能讓你領略無上樂趣的調酒，但對調酒師來說往往是一場噩夢，
因為要搖出調酒該有的完美泡沫，是個十足的體力活兒！

以雪克杯調製 · 方形冰塊 · 以可林杯享用

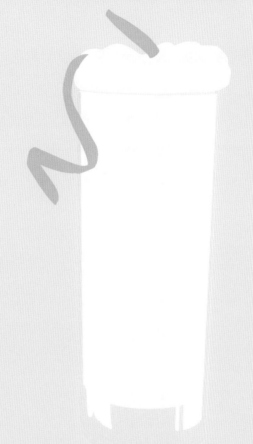

所需材料

琴酒 50 毫升
檸檬汁 10 毫升
萊姆汁 10 毫升
糖漿 15 毫升
橙花水 5 毫升
香草精 9 滴
蛋白 20 毫升
液態鮮奶油 20 毫升
氣泡水 50 毫升
裝飾用：柳橙皮 1 條

調製方法

1. 將氣泡水以外的材料倒入雪克杯。
2. 使勁搖晃，不加冰塊（這個步驟至關重要）。
3. 打開雪克杯，加入冰塊，再使出吃奶力氣瘋狂地搖晃至少 3 分鐘。
4. 過濾後把酒倒入冰鎮的玻璃杯中，並小心翼翼地加滿極冰的氣泡水。
5. 加入橙皮作為裝飾。

歷史典故

拉莫斯琴費茲是一個不愛喝調酒的酒吧老闆發明的，他的大名是亨利 · 拉莫斯（Henry C. Ramos），但大家都叫他卡爾。他原本從事啤酒酒吧營生，後來決定與兄弟在紐奧良投資新事業，並在 1887 年買下了帝國內閣酒吧（Imperial Cabinet）。

拉莫斯管理酒吧相當嚴格：為了讓夜貓子酒客打退堂鼓，每天晚上 8 點就打烊，而週日下午也只營業兩個小時。帝國內閣酒吧嚴格對戒酒和道德原則約法三章，拉莫斯總是不停與顧客聊天並留心任何可能酗酒的人。1928 年的《紐奧良專案論壇報》（New Orleans Item-Tribune）甚至這麼形容：「沒有人可以在拉莫斯酒吧酩酊大醉」。

一些歷史學家認為這就是拉莫斯發明拉莫斯琴費茲的動機。這款最初被稱為「紐奧良費茲」的飲料立即聲名大噪，而帝國內閣酒吧也成為了人們爭相造訪的地方。拉莫斯的原始配方中表示這款調酒應在飲用前搖晃 12 分鐘。也因此有多達 20 名調酒師輪流在吧台後面接受點單。這些不停搖著調酒的男孩也被暱稱為「雪克男孩」。

拉莫斯始終沒有公開他的調酒配方，直到 1928 年，他去世的前幾天，才向《紐奧良專案論壇報》透露配方。

拉莫斯琴費茲隨後成為各大城酒吧的常備酒譜，也隨之開發了帶有手搖柄的雪克杯機器。

湯姆可林斯（Tom Collins）

湯姆可林斯的名稱來自 1874 年在紐約廣為流傳的惡作劇，如今已成為最具代表性的琴酒調酒。

以可林杯調製 · 方形冰塊 · 以可林杯享用

所需材料

琴酒 50 毫升
新鮮檸檬汁 20 毫升
糖漿 15 毫升
氣泡水
裝飾用：柳橙 1 片

調製方式

1. 將前面三種材料倒入裝有冰塊的可林杯。
2. 攪勻，然後加滿氣泡水。
3. 用柳橙片裝飾。

歷史典故

　　湯姆可林斯的典故與一個在紐約家喻戶曉的整人遊戲有關。湯姆·可林斯相傳是一個經常流連酒館，並在人們背後說壞話的大嘴巴。受害者經常被唆使去酒館找他對質。但是當受害者前往可林斯出沒的那個酒館時，卻遍尋不著他的下落（因為這個人根本並不存在）。當那些想要討公道的受害者向酒吧詢問湯姆·可林斯藏身何處的時候，就會得到一杯調酒。

　　這個惡作劇被稱為「1874 年的湯姆·可林斯大騙局」，兩年後，傑瑞·湯瑪斯（Jerry Thomas）以這個騙局為靈感，推出調酒。

專業建議

若要更接近原始配方，可以用老湯姆琴酒調製。這樣一來，必須將糖漿的量減少一半，因為老湯姆琴酒的天然甜味足以彌補甜度。

「湯姆可林斯」調酒原始配方

樹膠糖漿 15 或 18 滴
1 小顆檸檬汁
琴酒 1 大杯
冰塊 2 或 3 顆
摘自《調酒師指南》（*The Bartender's Guide*），傑瑞·湯瑪斯（1876）。

薇絲朋（Vesper）

007 龐德探員要求必須裝在深碟形香檳杯中的調酒是這樣調的：
「三份高登琴酒、一份伏特加、半份白麗葉酒。
充分搖勻，直至完全冰透，然後加入一大片薄薄的檸檬皮。」

以調酒杯調製 · 方形冰塊 · 以馬丁尼杯享用

所需材料

琴酒 90 毫升
伏特加 30 毫升
白麗葉酒（Lillet Blanc）15 毫升
裝飾用：檸檬皮 1 條

調製方式

1. 將琴酒、伏特加和白麗葉酒加
   入裝有冰塊的調酒杯中。
2. 用攪拌匙攪拌，直到杯中酒液
   充分冷卻。
3. 過濾冰塊後把酒倒入冰鎮過的
   酒杯中。
4. 將檸檬皮油擠在調酒上，再將
   檸檬皮沿著杯緣擦一圈，然後
   放進調酒中。

歷史典故

　　有些小說讓一些調酒爆紅，但龐德系列小說的作者伊恩·佛萊明（Ian Fleming）倒是成功地寫紅了自己的發明：薇絲朋，又名薇絲朋馬丁尼，以他筆下虛構的雙面間諜薇絲朋·琳德為名。

　　龐德每次點「薇絲朋」調酒時，總是希望酒保能好好地遵守他極為具體的指令調製：「三份高登琴酒、一份伏特加、半份白麗葉酒。充分搖勻，直至完全冰透，然後加入一大片薄薄的檸檬皮。明白了嗎？」

　　不過，佛萊明確實是一個優秀的作家，但肯定不是一個優秀的調酒師。用搖盪法調製薇絲朋會讓調酒太淡，表面還會有碎冰。因此，使用調酒杯（別管龐德的指令了）調製的話，你的薇絲朋會看起來會更賞心悅目，更符合龐德的要求。

　　如果你想以橄欖代替檸檬皮，千萬要留意數量！據說，馬丁尼放兩顆橄欖不吉利，保險起見，請選擇一顆或三顆！

吉布森（Gibson）

馬丁尼已經衍生出無數變奏版，例如舉世聞名的調酒發明 50/50 和髒馬丁尼（Dirty Martini）。
但最出色也最簡單的變奏版無疑是「吉布森」：以琴酒和不甜香艾酒為基酒，再加上一顆醃珍珠洋蔥。
要注意喔！只有裝飾著珍珠洋蔥為調酒提鮮時，才能稱為「吉布森」。

以調酒杯調製 · 方形冰塊 · 以馬丁尼杯享用

所需材料

琴酒 60 毫升
不甜香艾酒 10 毫升
裝飾用：2 顆醃漬珍珠洋蔥

調製方式

1. 將冰塊、琴酒和香艾酒放入調酒杯中。
2. 用攪拌匙攪拌均勻。
3. 過濾後倒入酒杯中。
4. 將小洋蔥放在杯子裡。

歷史典故

　　這款調酒的起源尚未完全定論，但有可能是舊金山商人沃特·吉布森（Walter D.K. Gibson）於十九世紀末在波西米亞俱樂部（Bohemian Club）發明的。「吉布森」最早的文字紀錄，則出現在威廉·布斯比（William Boothby）於 1908 年出版的《世界飲品與調製指南》（World's Drinks and How to Mix Them）一書中。那個年代，吉布森與馬丁尼的不同之處在於吉布森刻意省略了幾滴苦精（馬丁尼含苦精），而洋蔥是在多年後才加入的。

馬丁尼和吉布森究竟有什麼不同？

　　吉布森和馬丁尼之間最明顯的區別是裝飾物。這兩種調酒都由琴酒和不甜香艾酒調製，但吉布森不使用馬丁尼的橄欖或檸檬，而是用洋蔥裝飾。此舉讓風味大相逕庭，不相信的話，喝喝看就知道了！

專業建議

如果要調製一杯與眾不同的吉布森，不妨自己醃漬洋蔥。只需將一把珍珠洋蔥浸泡或放入加了醋、糖和香料的鹽水中煮開即可。這樣能賦予調酒獨特而更豐富的風味，比市售的罐裝洋蔥更令人讚不絕口。

法式 75（French 75）

琴酒這款原本帶有流氓屬性的酒款，遇上流社會的香檳時，衝撞出人們所期待的優雅和風度，能為任何節慶場合更美好。

以雪克杯調製 · 方形冰塊 · 以香檳杯享用

所需材料

琴酒 30 毫升
新鮮檸檬汁 15 毫升
糖漿 10 毫升
香檳 100 毫升
裝飾用：檸檬皮 1 條或迷迭香 1 枝

調製方式

1. 將琴酒、檸檬汁和糖漿倒入裝有冰塊的雪克杯中。
2. 搖勻。
3. 過濾後倒入一個空酒杯中。
4. 加滿香檳。
5. 用檸檬皮或迷迭香裝飾。

歷史典故

　　已知最早的法式 75 配方之一來自哈利·克拉多克的《薩伏伊調酒手札》，但其真實歷史則是眾說紛紜。

　　1926 年，巴黎哈利紐約酒吧（Harry's New York Bar）的老闆蘇格蘭裔調酒師哈利·麥克艾爾宏（Harry MacElhone），以法國和美國在一戰期間使用的 75 毫米野戰炮為這款調酒命名。這武器以精確和速度馳名，所以當年的酒客緬懷道：「法式 75 威力之大，猶如被這武器砲轟一樣。」

　　這款調酒的歷史其實可追溯到 1920 年代以前。例如英國作家狄更斯（Charles Dickens）慣於為訪客奉上一杯琴酒加香檳，十九世紀也不乏關於威爾士親王等貴族紳士喜歡喝這種混合酒的記載。更曾在 1942 年的知名電影《北非諜影》（*Casablanca*）中驚鴻一瞥。

專業建議

請注意，有越來越多法式 75 調酒用：義大利氣泡酒普羅賽克（Prosecco）。如果你用的是正統香檳，可以少加一點糖漿，讓調酒氣泡綿密細緻；如果你用的是具有天然酸度的普羅塞克氣泡酒，那就減少檸檬汁的分量，也可以使用有植物香氣的糖漿讓調酒更具個人特色。

荊棘（Bramble）

四十年前的發明，它正在往經典調酒的路上邁進。到底是因為那迷人的顏色，還是由於它的名字是「荊棘」呢？

以雪克杯調製 · 方形冰塊 · 以古典杯享用

所需材料

琴酒 50 毫升
新鮮檸檬汁 25 毫升
糖漿 10 毫升
黑莓香甜酒 15 毫升
裝飾用：新鮮黑莓數顆

調製方式

1. 將琴酒、檸檬汁和糖漿倒入
   雪克杯。
2. 搖勻。
3. 過濾後把酒倒入裝滿冰塊的
   古典杯中。
4. 將黑莓香甜酒淋在上面。
5. 加入新鮮黑莓裝飾。

歷史典故

　　幾十年來，許多經典調酒的發明者已不可考，但荊棘這款當代調酒的來龍去脈依然有跡可循。發明者是調酒師迪克·布拉德塞爾（Dick Bradsell），1980 年代他在倫敦蘇荷區弗雷德俱樂部（Fred's Club Soho）工作期間被譽為「調酒天王」。「荊棘」與傑瑞·湯瑪斯創作的「琴調（Gin Fix）」經常相提並論，後者以覆盆子糖漿取代黑莓香甜酒。

　　黑野香甜酒從杯頂流淌入杯底時，在冰塊之間形成一道鮮豔的蜿蜒曲線，彷彿荊棘的樣子，也是這款調酒名稱的由來。

專業建議

「荊棘」也有一些變奏版：你可以用黑醋栗利口酒代替黑莓香甜酒，或者在調酒中加入迷迭香枝條作為裝飾，讓調酒呈現更多草本香氣。冬天的時候，還可以換成覆盆子利口酒或浸泡過肉桂的德梅拉拉糖漿（Demerara）。碎冰也大有學問，不僅僅是為了美觀，其稀釋的速度讓調酒的風味層次緩慢綻放。

馬丁尼茲（**Martinez**）

所有神氣十足地擁有「經典」字眼的調酒中，馬丁尼茲最德高望重，甚至擁有「馬丁尼之父」的美名。

以調酒杯調製 · 方形冰塊 · 以馬丁尼杯享用

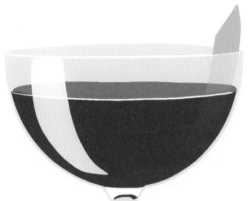

所需材料

琴酒 40 毫升
甜香艾酒 20 毫升
不甜香艾酒 10 毫升
黑櫻桃酒 5 毫升
波克苦精 3 滴
裝飾用：扭轉過的柳橙皮 1 條

調製方式

1. 將所有成分倒入裝滿冰塊的調酒杯中。
2. 用攪拌匙攪拌均勻。
3. 過濾後把酒倒入冰鎮的馬丁尼杯中。
4. 放上扭轉過的柳橙皮裝飾。

歷史典故

　　雖然馬丁尼茲對馬丁尼的發明具有非凡意義，但馬丁尼茲的起源和配方仍然撲朔迷離。馬丁尼茲出現於 1860 年代，初次的文字紀錄是在 1884 年拜倫（O.H. Byron）撰寫的《現代調酒師》（*The Modern Bartender*）當中。配方旁邊的解說是：「與曼哈頓相同，以琴酒代替威士忌即可」。但這本書中卻有兩種曼哈頓調酒配方：一種是不甜，一種是香甜，也沒有說明馬丁尼茲應該使用哪種配方。

　　一開始被廣泛使用的版本是香甜配方。然後在 1920 年左右，不甜配方也逐漸受人採納。《薩伏伊調酒手札》明確指出應使用法國不甜香艾酒，連帶證實了辛口風格。至於這款調酒的發明者是誰？也是眾說紛紜。其中一個說法將矛頭指向舊金山西方飯店（The Occidental Hotel）的調酒師傑瑞·湯瑪斯。

專業建議

可以用老湯姆琴酒增加甜味和香氣。如果你想做一杯正宗版調酒，請遵循以下配方：

老派配方

杜松子酒 50 毫升
甜香艾酒 30 毫升
不甜香艾酒 10 毫升
庫拉索橙酒 8 毫升
安格士苦精 3 滴
裝飾用：檸檬皮 1 條

將所有成分加入冰塊半滿的雪克杯中。搖勻。過濾後把酒倒入冰鎮的馬丁尼杯中。加上檸檬皮作為裝飾。（此為拜倫的原始配方）

18 款以琴酒為基酒的調酒

黑莓馬丁尼
Blackberry Martini
雪克杯調製・馬丁尼杯享用

新鮮黑莓 3 顆
（放雪克杯底部壓碎）
琴酒 60 毫升
微甜香艾酒 20 毫升
糖漿 5 毫升

琴酒羅勒斯瑪旭
Gin Basil Smash
雪克杯調製・古典杯享用

羅勒 12 片（放在雪克杯底部搗碎）
琴酒 60 毫升
檸檬汁 22 毫升
糖漿 10 毫升

梅茲卡爾莎瓦琴酒
Gin Mezcal Sour
雪克杯調製・古典杯享用

琴酒 45 毫升
鳳梨汁 45 毫升
橙皮利口酒 7 毫升
梅茲卡爾酒 7 毫升
萊姆汁 10 毫升

外交官沙瓦
Diplomat Sour
雪克杯調製・馬丁尼杯享用

琴酒 45 毫升
義大利苦味利口酒 22 毫升
檸檬汁 15 毫升
糖漿 15 毫升
蛋白 1 顆
柳橙苦精 3 滴

蜘蛛高球琴酒
Gin Spider Highball
調酒杯調製・高球杯享用

琴酒 40 毫升
安格士苦精 3 滴
薑汁啤酒 75 毫升

西洋芹琴酒沙瓦
Celery Gin Sour
雪克杯調製・古典杯享用

琴酒 50 毫升
熱內皮艾草利口酒 10 毫升
萊姆汁 25 毫升
西洋芹糖漿 15 毫升
蛋白 1 顆
西洋芹苦精 3 滴

接骨木花琴費茲
Edelflower Gin Fizz
雪克杯調製・高球杯享用

琴酒 60 毫升
接骨木花利口酒 30 毫升
檸檬汁 20 毫升
氣泡水 30 毫升

琴黛西
Gin Daisy
雪克杯調製・馬丁尼杯享用

琴酒 60 毫升
黃色夏翠斯蕁麻酒 7 毫升
黃檸檬汁 7 毫升
紅石榴糖漿 7 毫升

琴酒花園
Gin Garden
雪克杯調製・馬丁尼杯享用

黃瓜 3 片（放在雪克杯底部搗碎）
琴酒 60 毫升
接骨木花利口酒 30 毫升
蘋果汁 30 毫升

琴瑞奇
Gin Rickey

雪克杯調製・高球杯享用

琴酒 45 毫升
萊姆汁 15 毫升
糖漿 10 毫升
氣泡水 15 毫升

薑丁尼
Gingertini

雪克杯調製・馬丁尼杯享用

琴酒 60 毫升
薑利口酒 15 毫升
不甜香艾酒 7 毫升
糖漿 7 毫升

琴酒熱托地 (熱調酒)
Hot Gin Toddy

調酒杯調製・茶杯享用

老湯姆琴酒 60 毫升
糖漿 7 毫升
冰水 30 毫升
熱水 90 毫升

辣椒萊姆琴酒
Chili and Lime Gin

雪克杯調製・高球杯享用

琴酒 50 毫升
萊姆汁 10 毫升
伍斯特醬 15 滴
塔巴斯科醬 3 滴
可加滿酒杯的番茄汁
芹菜鹽
胡椒

玫瑰尼格羅尼
Roseate Negroni

調酒杯調製・碟形香檳杯享用

琴酒 30 毫升
羅莎公雞美國佬苦艾酒 30 毫升
安格仕苦精 9 滴
普羅賽克氣泡酒 60 毫升

荷蘭之家
Holland House

雪克杯調製・馬丁尼杯享用

琴酒 50 毫升
不甜香艾酒 25 毫升
黑櫻桃酒 5 毫升
檸檬汁 7.5 毫升
葡萄柚汁 15 毫升
糖漿 2.5 毫升

法式 75
French 75

調酒杯調製・笛形杯享用

琴酒 35 毫升
檸檬汁 20 毫升
糖漿 10 毫升
可加滿酒杯的香檳

草莓斯瑪旭
Strawberry Smash Spritz

調酒杯調製・大葡萄酒杯享用

琴酒 50 毫升
檸檬汁 25 毫升
氣泡水 50 毫升
可加滿酒杯的普羅賽克氣泡酒
裝飾用草莓 2 顆

伯爵茶可林斯
Earl Grey Collins

調酒杯調製・高球杯享用

琴酒 50 毫升
檸檬汁 25 毫升
伯爵茶與蜂蜜糖漿 25 毫升
鹽 1 撮
冰氣泡水 50 毫升

9 款以黑刺李琴酒為基酒的調酒

黑刺李尼格羅尼
Sloe Negroni
調酒杯調製．古典杯享用

黑刺李琴酒 15 毫升
金巴利 15 毫升
甜香艾酒 15 毫升

皇家黑刺李
Slow Royale
調酒杯調製．笛形杯享用

黑刺李琴酒 15 毫升
香檳 100 毫升

慢慢來
Take It Slow
調酒杯調製．馬丁尼杯享用

黑刺李琴酒 60 毫升
不甜香艾酒 8 毫升
柳橙苦精 3 滴

迷迭香 & 甜檸檬
黑刺李氣泡琴酒
Romarin & Limoncello Sloe
調酒杯調製．古典杯享用

黑刺李琴酒 50 毫升
甜檸檬酒 25 毫升
氣泡水
迷迭香 2 枝

黑刺李琴酒精靈
Sloe Gin Genie
調酒杯調製．廣口玻璃杯享用

糖漿 15 毫升
黑刺李琴酒 30 毫升
琴酒 30 毫升
檸檬汁 30 毫升
薄荷葉 8 片

黑刺李與接骨木花可林斯
Sloe Gin Collins & Sureau
調酒杯調製．可林杯享用

黑刺李琴酒 50 毫升
檸檬汁 15 毫升
糖漿 15 毫升
接骨木花通寧水 75 毫升

黑刺李琴費茲
Sloe Gin Fizz
雪克杯調製．廣口玻璃杯享用

黑刺李琴酒 30 毫升
糖漿 10 毫升
檸檬汁 15 毫升
可加滿酒杯的普羅賽克氣泡酒或香檳
蛋白 1 顆（可不加）

黑刺李與蘋果香料熱酒
Mulled Sloe
Gin and Apple
湯鍋調製．馬克杯享用

黑刺李琴酒 50 毫升
蘋果汁 150 毫升
鮮榨柳橙汁 50 至 100 毫升
越橘果凍 1 茶匙（可不加）
肉桂棒 1 根

蔓越莓黑刺李馬丁尼
Cranberry Sloe
Gin Martini
雪克杯調製．馬丁尼杯享用

琴酒 50 毫升
黑刺李琴酒 15 毫升
檸檬汁 15 毫升
蔓越莓果凍 1 茶匙
裝飾用迷迭香 1 枝

7 款以粉紅琴酒為基酒的調酒

粉紅天使
Pink Angel
雪克杯調製・馬丁尼杯享用

粉紅琴酒 25 毫升
橙皮利口酒 25 毫升
液態鮮奶油 30 毫升
玫瑰糖漿 6 滴

法式熱吻
French Kiss
調酒杯調製・笛形杯享用

粉紅琴酒 25 毫升
覆盆子利口酒 15 毫升
可加滿酒杯的香檳

蔓越莓馬丁尼
Cranberry Martini
雪克杯調製・馬丁尼杯享用

粉紅琴酒 50 毫升
檸檬汁 30 毫升
橙皮利口酒 7 毫升
蔓越莓汁 50 毫升

粉紅琴酒桑格麗亞
Pink Gin Sangria
水壺調製・水杯享用

粉紅琴酒 100 毫升
野莓利口酒 50 毫升
檸檬汁 100 毫升
糖漿 50 毫升
粉紅 crémant 氣泡酒 500 毫升
新鮮覆盆子 16 顆

粉紅金巴利臉紅紅琴酒
Rose Campari Gin Blush
雪克杯調製・馬丁尼杯享用

粉紅琴酒 40 毫升
金巴利 5 毫升
檸檬汁 20 毫升
糖漿 15 毫升
蛋白 1 顆
玫瑰水 3 滴

草莓馬丁尼
Strawberry Martini
雪克杯調製・馬丁尼杯享用

草莓 5 顆（放在雪克杯底搗碎）
粉紅琴酒 30 毫升
甜香艾酒 30 毫升
不甜香艾酒 30 毫升
黑櫻桃酒 15 毫升

粉紅琴酒高地
Pink Gin Highland
雪克杯調製・古典杯享用

粉紅琴酒 50 毫升
普羅賽克氣泡酒 100 毫升
糖漿 10 毫升
覆盆子 1 小盒（放在雪克杯底搗碎）
薄荷數枝（放在雪克杯底搗碎）

琴酒的世界版圖

已經入手一瓶或數瓶琴酒？甚至已經開始暢飲了？那也該了解一下琴酒究竟來自哪裡了吧！畢竟你現在已經知道全世界任何地方都能製造倫敦辛口琴酒，再也不會被酒瓶上的酒標迷惑了呢。

英 國

讓我們從琴酒的原點開始吧！這裡也是琴酒風潮仍然歷久不衰的地方：英國！

蘇格蘭，不只是威士忌的故鄉，還有琴酒！

提到蘇格蘭，很容易想到威士忌，其實它也是琴酒的大本營！擁有 114 家以上琴酒蒸餾廠，其中一些只做琴酒，有些同時生產威士忌。

非常昂貴的蒸餾廠

生產威士忌的成本非同小可，因為從第一次釀製開始，需要等待 3 年才能裝瓶和銷售。為了補貼財庫，許多新的威士忌酒廠同時生產琴酒，蒸餾後就能立即裝瓶出售！

倫敦，琴酒之都！

倫敦有 24 家琴酒酒廠，這個英國首都也是琴酒的首都。各種規模的酒廠，從發行量最小到最國際化的（希普史密斯、英人牌），一應俱全。

欣欣向榮的琴酒產業

琴酒市場前景無量。如今英國的酒廠數目之多，史無前例。這個行業目前產值 94 億英鎊，全球銷售量接近 10 億公升。

仍在服役的最古老酒廠

黑袍修士蒸餾酒廠（Black Friars Distillery 是英格蘭現存仍在運作的最古老琴酒酒廠），自 1793 年以來始終如一在古老港口普利茅斯生產普利茅斯琴酒。

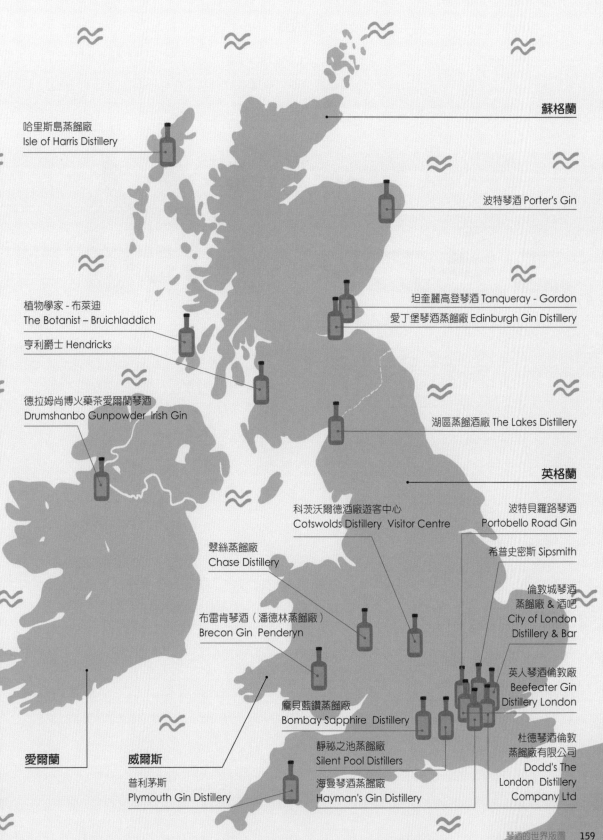

哈里斯島蒸餾廠
Isle of Harris Distillery

波特琴酒 Porter's Gin

蘇格蘭

植物學家 - 布萊迪
The Botanist – Bruichladdich

亨利爵士 Hendricks

坦奎麗高登琴酒 Tanqueray - Gordon
愛丁堡琴酒蒸餾廠 Edinburgh Gin Distillery

德拉姆尚博火藥茶愛爾蘭琴酒
Drumshanbo Gunpowder Irish Gin

湖區蒸餾酒廠 The Lakes Distillery

英格蘭

科茨沃爾德酒廠遊客中心
Cotswolds Distillery Visitor Centre

波特貝羅路琴酒
Portobello Road Gin

翠絲蒸餾廠
Chase Distillery

希普史密斯 Sipsmith

倫敦城琴酒
蒸餾廠 & 酒吧
City of London
Distillery & Bar

布雷肯琴酒（潘德林蒸餾廠）
Brecon Gin Penderyn

英人琴酒倫敦廠
Beefeater Gin
Distillery London

龐貝藍鑽蒸餾廠
Bombay Sapphire Distillery

愛爾蘭

威爾斯

靜祕之池蒸餾廠
Silent Pool Distillers

杜德琴酒倫敦
蒸餾廠有限公司
Dodd's The
London Distillery
Company Ltd

普利茅斯
Plymouth Gin Distillery

海曼琴酒蒸餾廠
Hayman's Gin Distillery

日本

當日本踏上冒險之途時，絕不會半途而廢。

雖然亞洲市場上的在地蒸餾酒（日本的燒酎、韓國的燒酒和中國的白酒）仍占優勢，琴酒尚無太多容身之處，
卻能挾著日本威士忌市場的威風，在國際上找到一席之地

說來話長的歷史

有人也許認為日本生產琴酒是最近才發生的事，
但其實日本人在十五世紀就透過荷蘭航海家認識了琴
酒。當時雖然也曾嘗試製造琴酒，但第一款從蒸餾器
中生產的日本琴酒在 1936 年才問世。名為 Hermes，
三得利公司生產。

重振日本琴酒雄風的酒廠

直到 2016 年，日本的琴酒風潮才從京都蔓延開
來。這款名為「季之美」的琴酒，採用神祕黑色酒
瓶，手工裝瓶，以在地的植物性香料少量蒸餾，而使
用的中性烈酒是：米酒！今天在日本列島上已有三十
多家琴酒酒廠。

日本風格

別浪費時間去搞懂日本琴酒的法規，因為根本
不存在。專家們在品嘗之後，眾口一致地同意所謂的
「日本風格」應該是使用香橙、櫻花、日本茶、山椒
等日本當地原料，賦予琴酒與眾不同的花香和柑橘香。

浸泡牡蠣殼的琴酒？

出發前往廣島的蒸餾廠！限量版的櫻尾琴酒中含
有 17 種植物性香料成分，除了杜松子、櫻花、日本香
橙、山葵根之外，還有……牡蠣殼，讓琴酒多了些許
鮮味！

9148 琴酒

日果科菲琴酒

季之美琴酒

六琴酒

東經 135 度兵庫琴酒

槙琴酒

和美人琴酒

歐 洲

從南歐到最北的斯堪地那維亞半島，整個歐洲大致上屬於現代風格的蒸餾廠，
重新結合了風土和「地域性」的概念。

西班牙：令人嘖嘖稱奇的市場

短短幾年內，西班牙已經成為全世界最成功、最驚人也最多樣化的琴酒市場之一。2017 年，每個居民平均每年消費至少一公升（比法國、英國和德國全部加起來還要多）的琴酒。另外，也要感謝這個國家，才能讓已經被視為老土的琴湯尼浴火重生。西班牙人讓琴湯尼脫胎換骨，讓它成為現代的潮飲！

法國：當琴酒玩起風土！

法國的蒸餾藝術傳統源遠流長（干邑、卡爾瓦多斯酒蘋果白蘭地〔calvados〕、雅馬邑、生命之水等）。所以法國自其深遠傳統汲取靈感，擁抱琴酒狂熱風潮。有些酒廠索性直接使用葡萄或蘋果為原料，標新立異的同時與其他琴酒有所區隔。更不用說法國北部還在生產杜松子酒，甚至還有歐盟地理標誌保護標章。

斯堪地那維亞：從阿夸維特到琴酒

阿夸維特（Akvavit，用葛縷子或蒔蘿調味的生命之水）經常被認為是琴酒的北歐表親，斯堪地那維亞國家也確實轉身擁抱琴酒，並以當地傳統入菜的植物展現非凡創意。裝在斯堪地那維亞風格的酒瓶中通常就是賣座保證！

受地理標誌保護的馬翁琴酒

琴酒目前在西班牙引領風騷，但西班牙的琴酒歷史卻與梅諾卡島（Menorca）息息相關。島上的索里吉爾（Xoriguer）酒廠生產的可能是地中海地區最古老的琴酒，使用十八世紀初的配方，以有兩百五十多年歷史的銅製蒸餾器手工製造。這個獨一無二的特色，也贏得「馬翁琴酒（Mahón）」的地理標誌保護標章。

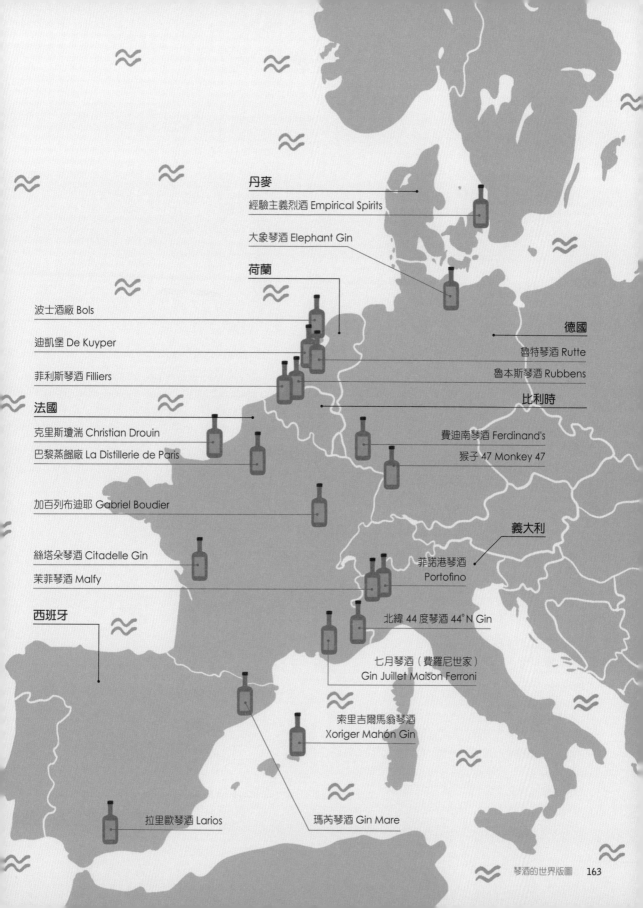

丹麥

經驗主義烈酒 Empirical Spirits

大象琴酒 Elephant Gin

荷蘭

波士酒廠 Bols

迪凱堡 De Kuyper

菲利斯琴酒 Filliers

德國

魯特琴酒 Rutte

魯本斯琴酒 Rubbens

法國

克里斯瓊湍 Christian Drouin

巴黎蒸餾廠 La Distillerie de Paris

比利時

費迪南琴酒 Ferdinand's

猴子 47 Monkey 47

加百列布迪耶 Gabriel Boudier

義大利

絲塔朵琴酒 Citadelle Gin

茉菲琴酒 Malfy

菲諾港琴酒
Portofino

北緯 44 度琴酒 44°N Gin

西班牙

七月琴酒（費羅尼世家）
Gin Juillet Maison Ferroni

索里吉爾馬翁琴酒
Xoriger Mahón Gin

拉里歐琴酒 Larios

瑪芮琴酒 Gin Mare

美國與加拿大

美國的琴酒市場正在爆炸性地成長，鄰國加拿大也緊隨在後！
美國是全世界第二大琴酒消費國，這都是工藝琴酒運動的功勞，當然背後數百家微型蒸餾廠也功不可沒。
美國甚至是新式西方琴酒的發源地。

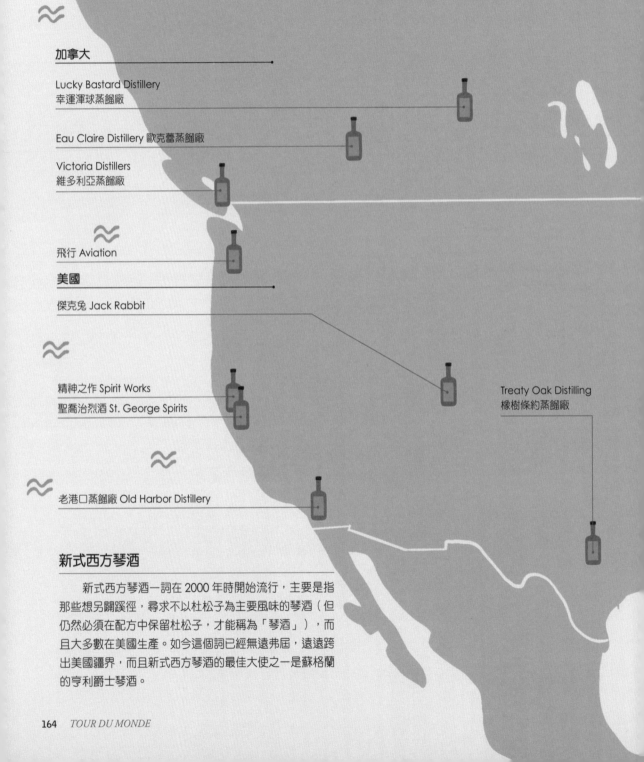

加拿大

Lucky Bastard Distillery
幸運渾球蒸餾廠

Eau Claire Distillery 歐克蕾蒸餾廠

Victoria Distillers
維多利亞蒸餾廠

飛行 Aviation

美國

傑克兔 Jack Rabbit

精神之作 Spirit Works

聖喬治烈酒 St. George Spirits

老港口蒸餾廠 Old Harbor Distillery

Treaty Oak Distilling
橡樹條約蒸餾廠

新式西方琴酒

新式西方琴酒一詞在 2000 年時開始流行，主要是指
那些想另闢蹊徑，尋求不以杜松子為主要風味的琴酒（但
仍然必須在配方中保留杜松子，才能稱為「琴酒」），而
且大多數在美國生產。如今這個詞已經無遠弗屆，遠遠跨
出美國疆界，而且新式西方琴酒的最佳大使之一是蘇格蘭
的亨利爵士琴酒。

約克精神烈酒公司
Spirit of York Distillery Co.

鐵魚蒸餾廠
Iron Fish Distillery

聖羅倫烈酒
St. Laurent Spirits

長路蒸餾廠
Long Road
Distillers

自由之子烈酒公司 Sons of Liberty Spirits Co.

布魯克林琴酒 Brooklyn Gin

海盜船蒸餾廠
Corsair Distillery

聖彼得堡蒸餾廠 Saint Petersburg

聖喬治：微型酒廠的先驅

琴酒在今天可能很時髦，但在過去並不總是如此。早在這一波琴酒風暴來襲之前，美國就有一家微型蒸餾廠是琴酒先鋒：聖喬治酒廠（St. George）。這家小蒸餾廠於 1982 年開始製造烈酒，也是禁酒令結束後在美國開設的第一座微型蒸餾廠！

聖羅倫：加拿大琴酒的大躍進

傳統上，加拿大在美國禁酒令期間一直是走私酒的中心。聖羅倫蒸餾廠（St. Laurent）在魁北克工藝琴酒運動醞釀期間，始終是開路先鋒。它以浸泡海藻製成的琴酒擄獲人心，古怪之至，絕對舉世無雙。

其他地區

不管是澳洲、亞洲、中國、非洲、黎巴嫩、中美洲和南美洲……
琴酒潮流如今已經席捲全球，甚至到達一些意想不到的國家！

中南美洲

即使提到中南美洲，一定會讓人聯想到梅茲卡爾酒、龍舌蘭酒、卡夏莎酒（Cachaça）或皮斯可酒（Pisco），但中南美洲國家也生產琴酒，部分原因是受到來自西班牙的祖先啟發。此外，一些蘭姆酒蒸餾廠也生產琴酒如哥倫比亞的獨裁者（Dictador Gin），委內瑞拉的卡奈瑪（Canaima）。

卡盾琴酒 Gin Katún

獨裁者琴酒 Dictador Gin

哥倫比亞

墨西哥

卡奈瑪 Canaima

委內瑞拉

巴西

阿瑪佐尼蒸餾廠 Destilaria Amázzoni

黎巴嫩：創意之鄉

受豐富的歷史和美食文化影響，琴酒蒸餾廠也開始在黎巴嫩蓬勃發展。純粹倫敦琴酒風格的郡琴酒（Jun）是一對熱衷美食的夫婦，瑪雅和查迪·卡達（Maya & Chadi Khattar）的作品。查迪參加了蒸餾課程，再以存款 10 萬美元投入琴酒生產，用的都是他們自己種植的植物。

菲律賓：琴酒巨頭！

或許是 1762 年至 1764 年期間英國占領馬尼拉的影響嗎？菲律賓第一個琴酒品牌成立於西班牙殖民時期，屬於一個家族蒸餾廠：聖麥格琴酒（Ginebra San Miguel），也是引領菲律賓琴酒潮流的元祖品牌。

菲律賓現在每年的琴酒消費量有 2200 多萬箱（占全球琴酒市場至少 40%），幾乎全數是當地品牌聖麥格琴酒（Ginebra 在他加祿語中是琴酒的意思）製造杜松子酒類型的琴酒，酒精濃度為 40%。

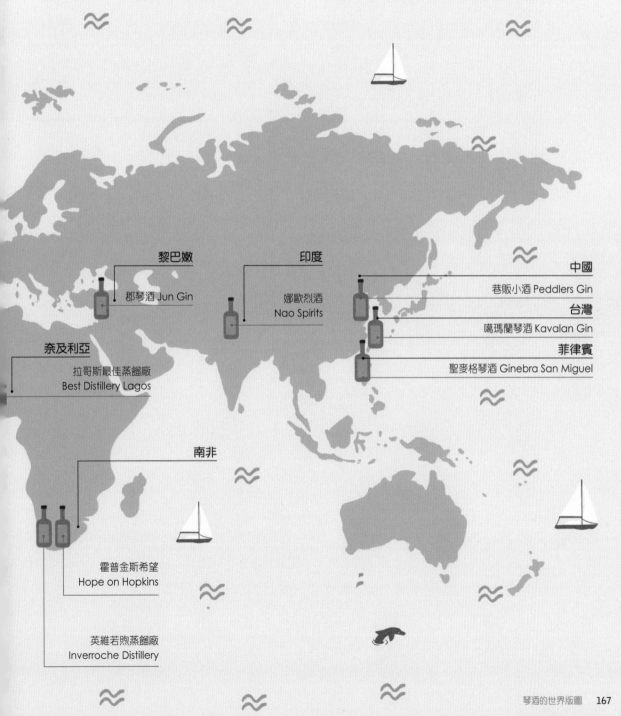

黎巴嫩
郡琴酒 Jun Gin

印度
娜歐烈酒 Nao Spirits

中國
巷販小酒 Peddlers Gin

台灣
噶瑪蘭琴酒 Kavalan Gin

菲律賓
聖麥格琴酒 Ginebra San Miguel

奈及利亞
拉哥斯最佳蒸餾廠 Best Distillery Lagos

南非
霍普金斯希望 Hope on Hopkins

英維若煦蒸餾廠 Inverroche Distillery

LE GIN C'EST PAS SORCIER

附錄

LE GIN C'EST PAS SORCIER

章節索引

琴酒的來龍去脈

哪些人喝琴酒？ 10
琴酒的種類 12
琴酒與伏特加之超級比一比 14
琴酒的祖先：杜松子酒 16
琴酒大事記 18
老湯姆琴酒的商業模式 20
經典琴酒品牌：絲塔朵琴酒 21
荷蘭航海家的歷史 22
琴酒與禁酒令 24
蒸餾器大乾坤 26

琴酒的蒸餾天地

琴酒的原料 30
以中性烈酒作為基底 32
經典琴酒品牌：
龐貝藍鑽琴酒 35
杜松子 36
芫荽 38
檸檬 40
柳橙 42
歐白芷（洋當歸）44
鳶尾花 46
琴酒裡的其他原料 48
經典琴酒品牌：日本六琴酒 51
杜松子酒的蒸餾過程 52
琴酒製造步驟 54
浸泡與再餾法 56
蒸氣萃取法 58
水的角色 59
真空蒸餾法 60
一次製成與多倍製成 61
不同類型的蒸餾器 62
篩選酒心 64
裝瓶乾坤 66
參觀蒸餾廠 68
獨具原創性的琴酒 70

品飲琴酒大哉問

品飲琴酒的竅門 74
洞悉品酒 76
經典琴酒品牌：
亨利爵士琴酒 79
酒精對人體的影響 80
經典琴酒品牌：德國猴子47 83
琴酒豐富的風味 84
品酒方式因琴酒類型而異 86
通寧水是怎麼製成的？ 88
琴酒與通寧水：天生一對 90
不要忘記各種調酒裝飾物！ 92
品酒紀錄表 94
品酒會尾聲 96
預防和治療宿醉 98
哪裡可以喝琴酒？ 100
無酒精「琴酒」？ 102

選購琴酒有竅門

去哪裡選購琴酒？ 106
打造個人酒櫃 108
經典琴酒品牌：
希普史密斯琴酒 109
解讀琴酒酒標 110
什麼場合喝什麼琴酒？ 112
如何存放琴酒？ 114
瓶塞的功能 116
當心行銷陷阱 118
琴酒的價格 120

琴酒也能上餐桌！

晚餐來喝琴酒 124
琴湯尼該搭配什麼食物？ 126
喝琴酒該搭配什麼食物？ 128
琴酒拿手菜 130

琴酒調酒大觀

在酒吧如何挑選琴酒？ 134
調酒的基本工具 136
無可取代的經典琴酒調酒 138
18 款以琴酒為基酒的調酒 152
9 款以黑刺李琴酒為基酒的調酒 154
7 款以粉紅琴酒為基酒的調酒 155

琴酒的世界版圖

英國 158
日本 160
歐洲 162
美國與加拿大 164
其他地區 166

附錄

章節索引 170
琴酒與調酒索引 171

琴酒與調酒索引

Absolut 絕對伏特加 15

Ambary 安貝里（琴酒）71

Angostura bitters 安格士苦精 140, 143, 151, 152, 153

Anty Gin 螞蟻琴酒 71

Aviation 飛行琴酒 91, 119, 164

Aviation 飛行調酒 11, 144

Balegem genever 勒根杜松子酒 17

Bathtub Gin 浴缸琴酒 25

Bathtub Old Tom 老湯姆浴缸琴酒 91

Beefeater 英人牌（琴酒）15, 69, 158

Beefeater London Dry 英人牌倫敦辛口琴酒 91

Beefeater 英人牌 24 琴酒 91

Bénédictine DOM 班尼狄克丁藥草酒 143

Blackberry Martini 黑莓馬丁尼（調酒）152

Bloody Mary 血腥瑪麗 15, 99

Boker's Bitters 波克苦精 151

Bols 波士酒廠 21, 163

Bols Oude Jenever 波士（杜松子酒）53

Bombay Sapphire 龐貝藍鑽琴酒 19, 35, 69, 106

Bombay Sapphire Distillery 龐貝藍鑽蒸餾廠 91, 159

Bombay Sapphire Premier Cru Murcian Lemon Gin 龐貝藍鑽特級莫西亞檸檬琴酒 41

Bramble 荊棘調酒 35, 150

Brockmans 布洛克曼琴酒 91

Bulldog 鬥牛犬（琴酒）91, 106

Butcher's Gin 屠夫琴酒 71

By The Dutch Old Genever 荷蘭人（老杜松子酒）53

Campari 金巴利 138, 154, 155

Ceder's 希蒂力（無酒精琴酒）103

De Kuyper 迪凱堡 19, 163

Celery Gin Sour 西洋芹琴酒沙瓦（調酒）152

Chartreuse Verte 綠色夏翠絲蕁麻酒 142

Chartreuse Jaune 黃色夏翠絲蕁麻酒 152

Chase 翠絲琴酒 32

Chase Aged Sloe and Mulberry 翠絲黑刺李琴酒 91

Chase GB extra Dry 翠絲威廉特級辛口琴酒 91

Cherry Brandy 櫻桃白蘭地 143

Chili and Lime Gin 辣椒萊姆琴酒（調酒）153

Christian Drouin（Pira） 克里斯瓊湍（琵雅琴酒） 108, 163

Citadelle 絲塔朵琴酒 15, 21, 108, 163

Clover Club 三葉草俱樂部（調酒）15

Cocchi Americano Rosa 羅莎公雞美國佬苦艾酒 153

Cointreau 君度橙酒 143

Copperhead 銅頭蝮琴酒 91

Cranberry Martini 蔓越莓馬丁尼（調酒）155

Cranberry Sloe Gin Martini 蔓越莓黑刺李馬丁尼（調酒） 154

Cream Gin 鮮奶油琴酒 71

Creme de Mure 黑莓香甜酒 150

Creme de Violette 紫羅蘭利口酒 144

Curacao Orange 庫拉索橙酒 140, 151

Diplomat Sour 外交官沙瓦（調酒）152

Djin 低琴（無酒精琴酒）103

Dodd's 杜德琴酒 91, 159

Dry Martini 辛口馬丁尼（調酒）10, 11, 19

Dry Vermouth 不甜香艾酒 139, 148, 151, 153, 154, 155

Dubonnet 杜本內酒 10

Earl Grey Collins 伯爵茶可林斯（調酒）153

Edelflower Gin Fizz 接骨木花琴費茲（調酒）152

Edinburg Gin Canon Ball 愛丁堡加農砲經典琴酒 91

Elderflower Liqueur 接骨木花利口酒 152

Elephant Gin 大象琴酒 70, 163

Fentimans 梵提曼（通寧水）88

Fever Tree 芬味樹（通寧水）88

French 75 法式 75（調酒）149, 153

French Kiss
法式熱吻（調酒）155

Génépi
熱內皮艾草利口酒 152
Geniévre 杜松子酒
12, 14, 16, 17, 18, 19, 21, 22,
23, 33, 52, 53, 86, 135, 151,
162, 167
Geniévre de Jura
汝拉杜松子酒 17
Geniévre Flandre Artois
法蘭德阿圖瓦杜松子酒 17
Gibson 吉布森（調酒）148
Gimlet 琴蕾（調酒）141
Gin Basil Smash
琴酒羅勒斯瑪旭（調酒）152
Gin Daisy 琴黛西（調酒）152
Gin Fizz 琴費茲（調酒）11, 15
Gin Fix 琴調（調酒）150
Gin Garden
琴酒花園（調酒）152
Gin Mare
瑪芮琴酒 91, 128, 163
Gin Mezcal Sour
梅茲卡爾莎瓦琴酒（調酒）152
Gin Rickey 琴瑞奇（調酒）153
Gin Spider Highball
蜘蛛高球琴酒（調酒）152
Gin Tonic 琴湯尼（調酒）
11, 88, 90, 92, 93, 106, 126,
131, 135, 162
Ginebra San Miguel
聖麥格琴酒 167
Ginger Liqueur 薑利口酒 153
Gingertini 薑丁尼（調酒）153
Graanjenever 穀物杜松子酒 17
Grey Goose 灰雁伏特加 15

Hanky Panky 漢基帕基 15
Hasselt genever
哈瑟爾特杜松子酒 17
Hendrick's 亨利爵士琴酒
15, 58, 63, 79, 91, 106, 159,
164
Hot Gin Toddy
琴酒熱托地（熱調酒）153

Jam Jar Gin Morus LXIV
莫魯斯果醬罐琴酒 70
Jenever 杜松子酒 16, 17, 53
Jonge Genever
年輕杜松子酒 17

Ketel One
坎特一號伏特加 15, 19
Ki No Bi 季之美琴酒 160, 161
Korenwijn 穀物杜松子酒 17

Last Word 臨別一語（調酒）142
Lillet blanc 白麗葉酒 147
London Dry Gin 倫敦辛口琴酒
12, 13, 31, 39, 55, 79, 84, 86,
91, 95, 108, 111, 119, 135,
138, 140, 141, 157
London Essence
英倫精萃（通寧水）88
Lyre's 萊爾斯（無酒精琴酒）103

Maraschino 黑櫻桃酒
142, 144, 151, 153, 155
Martin Miller's 馬丁米勒琴酒 91
Martin Miller's Westbourne
Strength 馬丁米勒加烈琴酒 91
Martinez
馬丁尼茲（調酒）19, 139, 151

Martini 馬丁尼（調酒）
10, 11, 15, 19, 71, 86, 111,
128, 139, 147, 148, 151, 152,
154, 155
Mezcal 梅茲卡爾（酒）
16, 70, 152, 166
Monkey 47 猴子 47 琴酒
59, 69, 83, 91, 108, 163
Moscow Mule
莫斯科騾子（調酒）15
Mulled Sloe Gin and Apple
黑刺李與蘋果香料熱酒（調酒）
154

Negroni 尼格羅尼
11, 19, 86, 136, 138, 153, 154
New Western Gin
新式西方琴酒 13, 84, 164

O'de Flander Echte Oost-
Vlaamse graanjenever
東佛拉蒙穀物酒 17
Old Tom Gin 老湯姆琴酒
12, 20, 86, 95, 108, 146, 151,
153
Oude genever 老杜松子酒 17
Ostfriesischer Korngenever
東弗裡斯蘭穀物杜松子酒 17
Orange bitters 橙味苦精 140
Oxley 奧斯利（琴酒）50, 108

Pegu Club
勃固俱樂部（調酒）140
Pékèt 瓦隆杜松子酒 17
Pink Angel 粉紅天使（調酒）155
Pink Gin Highland
粉紅琴酒高地（調酒）155

Pink Gin Sangria
　粉紅琴酒桑格麗亞（調酒）155
Pink Pepper 粉紅胡椒琴酒 91
Plymouth Gin 普利茅斯（琴酒）
　13, 86, 141, 158, 159
Plymouth Navy Strength
　普利茅斯海軍強度琴酒 91
Plymouth Sloe
　普利茅斯黑刺李琴酒 91
Portobello Road Navy Strength
　波特貝羅路海軍強度琴酒 91
Portobello Road Pechuga Gin
　波特貝羅路雞胸肉琴酒 70
Prosecco
　普羅賽克氣泡酒 149, 153

Ramos Gin Fizz
　拉莫斯琴費茲（調酒）15, 145
Raspberry Liqueur
　覆盆子利口酒 150, 155
Roku 六琴酒 51, 106, 161
Romarin & Limoncello Sloe Gin
　Sparkler 迷迭香 & 甜檸檬黑刺
　李氣泡琴酒（調酒）154
Rose Campari Gin Blush 粉紅金
　巴利臉紅紅琴酒（調酒）155
Roseate Negroni
　玫瑰尼格羅尼（調酒）153
Rose's Lime 玫瑰牌萊姆汁 141

Sacred Christmas Pudding Gin
　薩科里德聖誕布丁琴酒 70
Seedlip 籽粒（無酒精琴酒）103
Sex On The Beach
　性感海灘（調酒）15
Silent Pool 靜祕之池琴酒 91
Singapore Sling
　新加坡司令（調酒）143

Sipsmith 希普史密斯（琴酒）
　69, 109, 159, 159
Sipsmith London Dry
　希普史密斯倫敦辛口琴酒 91
Sipsmith Sloe
　希普史密斯黑刺李琴酒 91
Sloe Gin 黑刺李琴酒
　13, 31, 55, 91, 108, 129, 154
Sloe Gin Collins & Sureau
　黑刺李與接骨木花柯林斯（調
　酒）154
Sloe Gin Fizz
　黑刺李琴費茲（調酒）154
Sloe Gin Genie
　黑刺李琴酒精靈（調酒）154
Sloe Negroni
　黑刺李尼格羅尼（調酒）154
Slow Royale
　皇家黑刺李（調酒）154
Smirnoff 思美洛伏特加 152
Strawberry Martini
　草莓馬丁尼（調酒）155
Strawberry Smash Spritz
　草莓斯瑪旭（調酒）153
Sweet Vermouth
　甜香艾酒 139, 151, 154, 155
Sweet Vermouth Rosso
　紅標甜香艾酒 138

Take It Slow 慢慢來（調酒）154
Tanqueray 坦奎麗琴酒 15, 25
Tanqueray London Dry
　坦奎麗倫敦辛口琴酒 91
Tanqueray NºTen
　坦奎麗 10 號琴酒 91
The Botanist
　植物學家琴酒 91, 108, 159
The Holland House
　荷蘭之家（調酒）154

Thomas Henry
　湯瑪士亨利（通寧水）88
Three Cents
　三分錢（通寧水）88
Triple Sec 橙皮利口酒 152, 155
Tonic Water 通寧水
　11, 50, 88, 89, 90, 91, 94, 101,
　106, 112, 131, 134, 154

Vermouth Blanc
　微甜香艾酒 152
Vesper 薇絲朋 147
Vesper Martini
　薇絲朋馬丁尼 147
Vørding's Genever Vørding's
　杜松子酒 53
Vruchtenjenever
　水果杜松子酒 17

White Lady
　白色佳人（調酒）15
White Russian
　白色俄羅斯（調酒）15

Xoriguer Gin Mahón
　索里吉爾（馬翁）琴酒
　13, 162, 163

Yellow Gin 熟成（或黃色）琴酒
　12, 94, 108, 110, 113

Zubrówka 野牛草伏特加 15

米凱勒：
感謝我的兒子喬治，他在我開始動筆寫這本書之後的幾天
驚喜現身（八成是被瀰漫的琴酒香氣吸引），讓本書的筆
觸更生動精采。
感謝狄瑪與我父母的支持。

亞尼斯：
感謝金妮，帶我發現巴斯琴酒的奧妙。
因此，也僅以本書獻給巴斯，一個位於英格蘭西南部美麗
丘陵上的小城。
當然還有它的居民！

國家圖書館出版品預行編目資料

我的琴酒生活提案 / 米凱勒. 奇多 (Mickaël Guidot)
著；謝珮琪譯. -- 臺北市：三采文化股份有限公司，
2023.10
　面；　公分 . -- (好日好食；65)
譯自：LE GIN C'EST PAS SORCIER
ISBN 978-626-358-118-0(平裝)

1.CST: 蒸餾酒 2.CST: 製酒業

463.83　　　　　　　　　　　　　　112008132

suncolor
三采文化

好日好食 65

我的琴酒生活提案

作者｜米凱勒 ・ 奇多（Mickaël Guidot）
繪者｜亞尼斯 ・ 瓦盧西克斯（Yannis Varoutsikos）　翻譯｜謝珮琪　版權選書｜杜曉涵
編輯一部總編輯｜郭玫禎　執行編輯｜陳柏昌　協力編輯｜鄭雅芳　版權副理｜杜曉涵
美術主編｜藍秀婷　封面設計｜方曉君、莊馥如　內頁排版｜周惠敏

發行人｜張輝明　總編輯長｜曾雅青　發行所｜三采文化股份有限公司
地　址｜台北市內湖區瑞光路 513 巷 33 號 8 樓
傳訊｜TEL: (02) 8797-1234　FAX: (02) 8797-1688　網址｜www.suncolor.com.tw
郵政劃撥｜帳號：14319060　戶名：三采文化股份有限公司
本版發行｜2023 年 10 月 13 日　定價｜NT$680

LE GIN C'EST PAS SORCIER
Copyright © Hachette Livre (Marabout) Vanves, 2022
Traditional Chinese edition copyright © Sun Color Cultrue Co., Ltd.
Complex Chinese edition published through The Grayhawk Agency.
All rights reserved.